くもんの小学ドリル
がんばり1年生
学しゅうきろくひょう

名まえ

| 1 | 2 | 3 | 4 | 5 | 6 | 7 | 8 |

JN028747

| 9 | 10 | 11 | 12 | 13 | | | |

| 17 | 18 | 19 | 20 | 21 | 22 | 23 | 24 |

| 25 | 26 | 27 | 28 | 29 | 30 | 31 | 32 |

| 33 | 34 | 35 | 36 | 37 | 38 | 39 | 40 |

| 41 | 42 | 43 | 44 | 45 | 46 | 47 | 48 |

| 49 | 50 |

あなたは
「くもんの小学ドリル　さんすう　1年生たしざん」を、
さいごまで　やりとげました。
すばらしいです！
これからも　がんばってください。

1さつ　ぜんぶ　おわったら、
ここに　大きな　シールを
はりましょう。

① すうじの れんしゅう（1）

むずかしさ ★ ★ ★

がつ　月　にち　日　なまえ　はじめ　じ　ふん　おわり　じ　ふん

・　・・　・・・　　・・　・・・　・・・・

1 2 3　2 3 4

1 2 3 4 5 6 7 8 9 10　　1 2 3 4 5 6 7 8 9 10

1 ------ を なぞって すうじを かきましょう。

〔ぜんぶ できて 25てん〕

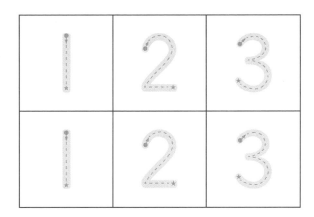

2 ● と ★を つないで すうじを かきましょう。

〔ぜんぶ できて 25てん〕

©くもん出版

　はみださないように かこう。

1

1 2 3 4 5 6 7 8 9 10   1 2 3 4 5 6 7 8 9 10

3 ------ を なぞって すうじを かきましょう。

〔ぜんぶ できて 25てん〕

4 ● と ★ を つないで すうじを かきましょう。

〔ぜんぶ できて 25てん〕

©くもん出版

おわったら, おうちの ひとに たしかめを
して もらおう。

2

てん

2 すうじの れんしゅう(2)

| 月 | 日 | なまえ | | はじめ じ ふん おわり じ ふん |

5 6 7

6 7 8

1 2 3 4 5 6 7 8 9 10

1 2 3 4 5 6 7 8 9 10

1 ------を なぞって すうじを かきましょう。

〔ぜんぶ できて 25てん〕

5 6 7

6 7 8

5 6 7

6 7

8

2 ●と ★を つないで すうじを かきましょう。

〔ぜんぶ できて 25てん〕

5 6 7

6 7 8

5 6 7

6 7

8

©くもん出版

はみださないように かこう。

3

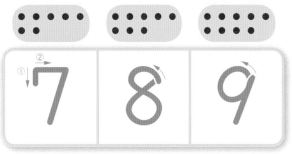

1 2 3 4 5 6 7 8 9 10　　1 2 3 4 5 6 7 8 9 10

3 ------を　なぞって　すうじを　かきましょう。

〔ぜんぶ　できて　25てん〕

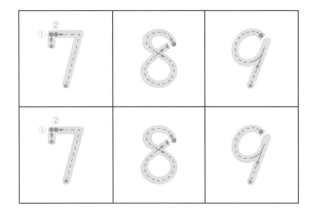
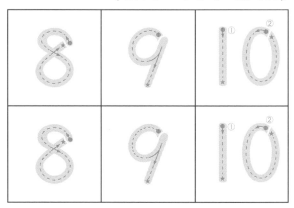

4 ●と　★を　つないで　すうじを　かきましょう。

〔ぜんぶ　できて　25てん〕

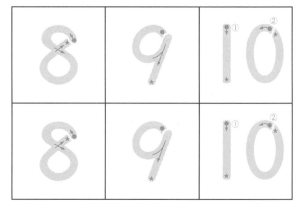

おわったら，おうちの　ひとに　たしかめを
して　もらおう。

4

てん

③ 10までの かず

月　日　なまえ　はじめ　じ　ふん　おわり　じ　ふん

1 〈れい〉のように
じゅんに すうじを
かきましょう。

〔1つ 2てん〕

〈れい〉

1	2	3	4	5
1	2	3	4	5

〈れい〉

6	7	8	9	10
6	7	8	9	10

2 ・は いくつ ありますか。□の なかに すうじを
かきましょう。

〔1つ 3てん〕

1	2	3	4	5

6	7	8	9	10

©くもん出版

 10までの すうじを おぼえよう。

3 〈れい〉のように　じゅんに　すうじを　かきましょう。

〔1つ　2てん〕

〈れい〉

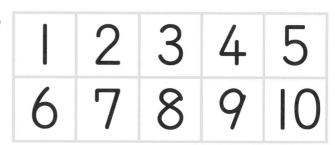

| 1 | 2 | 3 | 4 | 5 |
| 6 | 7 | 8 | 9 | 10 |

| 1 | 2 | 3 | 4 | 5 |
| 6 | 7 | 8 | 9 | 10 |

4　•は　いくつ　ありますか。□の　なかに　すうじを　かきましょう。

〔1つ　3てん〕

| • • • | • • • • | • | • • | |
| 3 | 4 | 1 | 2 | 0 |

•は　ないね。

| • • • • • • • • | • • • • • • • | • • • • • • | • • • • • • • • • • | • • • • • • • • • |
| 8 | 7 | 6 | 10 | 9 |

10までの　すうじを　おぼえよう。

てん

4 15までの かず

月 日 なまえ　　　　　はじめ　じ　ふん　おわり　じ　ふん

1 〈れい〉のように じゅんに すうじを かきましょう。

〔1つ 2てん〕

〈れい〉

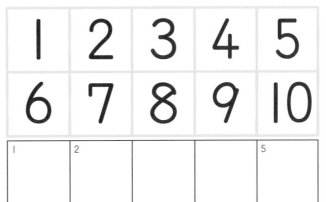

1	2			5
6			9	10

2 ● は いくつ ありますか。□の なかに すうじを かきましょう。

〔1つ 3てん〕

3	6	4		

●は
ないね。

©くもん出版

10までの すうじを おぼえよう。

3 〈れい〉のように　じゅんに　すうじを　かきましょう。

〔1つ　3てん〕

〈れい〉

1	2	3	4	5
6	7	8	9	10
11	12	13	14	15

なぞって，
じゅんに
すうじを
かこう。

1	2	3	4	5
6	7	8	9	10
11	12	13	14	15

4 □の　なかに　じゅんに　すうじを　かきましょう。

〔1つ　5てん〕

1	2	3	4	5
6	7	8	9	10
11	12		13	14	15

1	2	3	4	5
6	7	8	9	10
11	12	13	14	15

8

15までの　すうじを　おぼえよう。

てん

月 日　なまえ　　はじめ　じ　ふん　おわり　じ　ふん

1 じゅんに すうじを かきましょう。　　〔1つ 2てん〕

1	2	3	4	5
6	7	8	9	10
11	12	13	14	15
16	17	18	19	20

2 □の なかに じゅんに すうじを かきましょう。
〔1つ 3てん〕

1	2	3	4	5
6	7	8	9	10
11				15

3 □の なかに じゅんに すうじを かきましょう。
〔1つ 3てん〕

11	12	13	14	15
16				20

©くもん出版

20までの すうじを おぼえよう。

4 □の なかに じゅんに すうじを かきましょう。

〔1つ 3てん〕

1	2	3	4	5
6	7	8	9	10
11	12	13	14	15
16				20

5 □の なかに じゅんに すうじを かきましょう。

〔1つ 3てん〕

11	12	13	14	15
16				20

6 ・は いくつ ありますか。□の なかに すうじを かきましょう。

〔1つ 3てん〕

16	17	18	19	20

  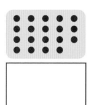

©くもん出版

20までの すうじを おぼえよう。

10

てん

6 すうじの ひょう（1）

月	日	なまえ		はじめ	じ	ふん	おわり	じ	ふん

1 □の なかに じゅんに すうじを かきましょう。

〔1つ 3てん〕

1	2	3							10
1	2								
11	12	13	14	15	16	17	18	19	20
21	22	23	24	25	26	27	28	29	30

2 □の なかに じゅんに すうじを かきましょう。

〔1つ 2てん〕

1	2	3	4	5	6	7	8	9	10
11	12								20
21	22	23	24	25	26	27	28	29	30

20までの すうじを じゅんに かけるように しよう。

3 □の なかに じゅんに すうじを かきましょう。

〔1つ 3てん〕

1	2	3	4	5	6	7	8	9	10
11	12								20
21	22	23	24	25	26	27	28	29	30

4 じゅんに すうじを かきましょう。

〔1つ 2てん〕

1	2	3	4	5	6	7	8	9	10
11	12	13	14	15	16	17	18	19	20
21	22	23	24	25	26	27	28	29	30

12 ＊

30までの すうじを じゅんに
かけるように しよう。

てん

むずかしさ
★ ★ ☆

| 月 | 日 | なまえ | | はじめ | じ | ふん | おわり | じ | ふん |

1 □の なかに じゅんに すうじを かきましょう。

〔1つ 3てん〕

1	2	3	4	5	6	7	8	9	10
11	12	13	14	15	16	17	18	19	20
21	22							29	30

2 じゅんに すうじを かきましょう。　〔1つ 2てん〕

1	2	3	4	5	6	7	8	9	10
11	12	13	14	15	16	17	18	19	20
21	22	23	24	25	26	27	28	29	30
31	32	33	34	35	36	37	38	39	40

40までの すうじを じゅんに かけるように しよう。

13

3 □の　なかに　じゅんに　すうじを　かきましょう。

〔1つ　3てん〕

1	2	3	4	5	6	7	8	9	10
11	12	13	14	15	16	17	18	19	20
21	22	23	24	25	26	27	28	29	30
31	32							39	40

4 じゅんに　すうじを　かきましょう。

〔1つ　2てん〕

1	2	3	4	5	6	7	8	9	10
11	12	13	14	15	16	17	18	19	20
21	22	23	24	25	26	27	28	29	30
31	32	33	34	35	36	37	38	39	40
41	42	43	44	45	46	47	48	49	50

14

50までの　すうじを　じゅんに
かけるように　しよう。

てん

月 日 なまえ　　　　　　　はじめ　じ　ふん　おわり　じ　ふん

1 □の なかに じゅんに すうじを かきましょう。

〔1つ　3てん〕

1	2	3	4	5	6	7	8	9	10
11	12	13	14	15	16	17	18	19	20
21	22	23	24	25	26	27	28	29	30
31	32	33	34	35	36	37	38	39	40
41	42							49	50

2 じゅんに すうじを かきましょう。

〔1つ　2てん〕

51	52	53	54	55	56	57	58	59	60
61	62	63	64	65	66	67	68	69	70
71	72	73	74	75	76	77	78	79	80
81	82	83	84	85	86	87	88	89	90
91	92	93	94	95	96	97	98	99	100

©くもん出版

60までの すうじを じゅんに かけるように しよう。

15

3 □の なかに じゅんに すうじを かきましょう。

〔1つ 3てん〕

51									60
61	62	63	64	65	66	67	68	69	70
71	72	73	74	75	76	77	78	79	80
81	82	83	84	85	86	87	88	89	90
91	92	93	94	95	96	97	98	99	100

4 じゅんに すうじを かきましょう。

〔1つ 2てん〕

51	52	53	54	55	56	57	58	59	60
61	62	63	64	65	66	67	68	69	70
71	72	73	74	75	76	77	78	79	80
81	82	83	84	85	86	87	88	89	90
91	92	93	94	95	96	97	98	99	100

70までの すうじを じゅんに
かけるように しよう。

16

	てん

9 すうじの ひょう(4)

月 日 なまえ　　　はじめ じ ふん おわり じ ふん

1 □の なかに じゅんに すうじを かきましょう。

〔1つ 3てん〕

51	52	53	54	55	56	57	58	59	60
61									70
71	72	73	74	75	76	77	78	79	80
81	82	83	84	85	86	87	88	89	90
91	92	93	94	95	96	97	98	99	100

2 じゅんに すうじを かきましょう。

〔1つ 2てん〕

51	52	53	54	55	56	57	58	59	60
61	62	63	64	65	66	67	68	69	70
71	72	73	74	75	76	77	78	79	80
81	82	83	84	85	86	87	88	89	90
91	92	93	94	95	96	97	98	99	100

80までの すうじを じゅんに かけるように しよう。

17

3 □の なかに じゅんに すうじを かきましょう。

〔1つ 3てん〕

51	52	53	54	55	56	57	58	59	60
61	62	63	64	65	66	67	68	69	70
71									80
81	82	83	84	85	86	87	88	89	90
91	92	93	94	95	96	97	98	99	100

4 じゅんに すうじを かきましょう。

〔1つ 2てん〕

51	52	53	54	55	56	57	58	59	60
61	62	63	64	65	66	67	68	69	70
71	72	73	74	75	76	77	78	79	80
81	82	83	84	85	86	87	88	89	90
91	92	93	94	95	96	97	98	99	100

90までの すうじを じゅんに
かけるように しよう。

	てん

18

| 月 | 日 | なまえ | | はじめ | じ | ふん | おわり | じ | ふん |

1 □の なかに じゅんに すうじを かきましょう。

〔1つ　2てん〕

51	52	53	54	55	56	57	58	59	60
61	62	63	64	65	66	67	68	69	70
71	72	73	74	75	76	77	78	79	80
81									90
91	92	93	94	95	96	97	98	99	100

2 じゅんに すうじを かきましょう。

〔1つ　2てん〕

51	52	53	54	55	56	57	58	59	60
61	62	63	64	65	66	67	68	69	70
71	72	73	74	75	76	77	78	79	80
81	82	83	84	85	86	87	88	89	90
91	92	93	94	95	96	97	98	99	100

100までの すうじを じゅんに かけるように しよう。

19

3 □の なかに じゅんに すうじを かきましょう。

〔1つ 2てん〕

51	52	53	54	55	56	57	58	59	60
61	62	63	64	65	66	67	68	69	70
71	72	73	74	75	76	77	78	79	80
81	82	83	84	85	86	87	88	89	90
91									100

4 □の なかに じゅんに すうじを かきましょう。

〔1つ 2てん〕

1									
11	12	13	14	15	16	17	18	19	20
21	22	23	24	25	26	27	28	29	30
41	42	43	44	45	46	47	48	49	50

1から 100までの すうじを じゅんに
かけるように しよう。

てん

20 *

11 すうじの ひょう(6)

むずかしさ ★★☆

月 日　なまえ　はじめ　じ　ふん　おわり　じ　ふん

1 □の なかに じゅんに すうじを かきましょう。

〔1つ 2てん〕

51	52	53	54	55	56	57	58	59	60
61	62	63	64	65	66	67	68	69	70
81	82	83	84	85	86	87	88	89	90

2 □の なかに じゅんに すうじを かきましょう。

〔1つ 2てん〕

	2	3	4	5		7	8	9	10
	12	13	14	15		17	18	19	20
	22	23	24	25		27	28	29	30
	32	33	34	35		37	38	39	40
	42	43	44	45		47	48	49	50

©くもん出版

1から 100までの すうじを じゅんに かけるように しよう。

3 □の なかに じゅんに すうじを かきましょう。

〔1つ 2てん〕

1	2		4	5	6	7		9	10
11	12		14	15	16	17		19	20
21	22		24	25	26	27		29	30
31	32		34	35	36	37		39	40
41	42		44	45	46	47		49	50

4 □の なかに じゅんに すうじを かきましょう。

〔1つ 2てん〕

51	52	53		55	56	57	58		60
61	62	63		65	66	67	68		70
71	72	73		75	76	77	78		80
81	82	83		85	86	87	88		90
91	92	93		95	96	97	98		100

1から 100までの すうじを じゅんに
かけるように しよう。

	てん

22

12 かずならべ（1）

むずかしさ
★ ★ ☆

| 月 | 日 | なまえ | | はじめ じ ふん おわり じ ふん |

1 □の なかに すうじを かいて，かずを じゅんに ならべましょう。

〔1つ　2てん〕

1	2	3	4	5					
					16	17	18	19	20
21	22	23	24	25	26	27	28	29	30
31	32	33	34	35	36	37	38	39	40
41	42	43	44	45	46	47	48	49	50

2 □の なかに すうじを かいて，かずを じゅんに ならべましょう。

〔1つ　3てん〕

51	52	53							
			64	65	66	67	68	69	70
71	72	73	74	75	76	77	78	79	80
81	82	83	84	85	86	87	88	89	90
91	92	93	94	95	96	97	98	99	100

かずの ならびを おぼえよう。

3 □の なかに すうじを かいて，かずを じゅんに
ならべましょう。
〔1つ 2てん〕

1	2	3	4	5	6	7	8	9	10
11	12	13	14	15					
					26	27	28	29	30
31	32	33	34	35	36	37	38	39	40
41	42	43	44	45	46	47	48	49	50

4 □の なかに すうじを かいて，かずを じゅんに
ならべましょう。
〔1つ 3てん〕

51	52	53	54	55	56	57	58	59	60
61	62	63							
			74	75	76	77	78	79	80
81	82	83	84	85	86	87	88	89	90
91	92	93	94	95	96	97	98	99	100

かずの ならびを おぼえよう。

24 ✳

てん

月	日	なまえ		はじめ じ ふん おわり じ ふん

1 □の なかに すうじを かいて，かずを じゅんに ならべましょう。

〔1つ 2てん〕

1	2	3	4	5	6	7	8	9	10
11	12	13	14	15	16	17	18	19	20
21	22	23	24						
				35	36	37	38	39	40
41	42	43	44	45	46	47	48	49	50

2 □の なかに すうじを かいて，かずを じゅんに ならべましょう。

〔1つ 3てん〕

51	52	53	54	55	56	57	58	59	60
61	62	63	64	65	66	67	68	69	70
71	72								
		83	84	85	86	87	88	89	90
91	92	93	94	95	96	97	98	99	100

©くもん出版

かずの ならびを おぼえよう。

25

3 □の なかに すうじを かいて, かずを じゅんに ならべましょう。　〔1つ 2てん〕

1	2	3	4	5	6	7	8	9	10
		13	14	15	16	17	18	19	20
21	22	23	24				28	29	30
31	32			35	36	37	38	39	40
41	42	43	44	45	46	47			

4 □の なかに すうじを かいて, かずを じゅんに ならべましょう。　〔1つ 3てん〕

51	52			55	56	57	58	59	60
61	62	63	64			67	68	69	70
71	72	73	74	75	76			79	80
81	82	83	84	85	86	87	88		
		93	94	95	96	97	98	99	100

かずの ならびを おぼえよう。

てん

14 かずならべ（3）

むずかしさ ★★★

がつ 月	にち 日	なまえ		はじめ じ ふん	おわり じ ふん

1 □の なかに すうじを かいて，かずを じゅんに ならべましょう。 〔1つ 2てん〕

61	62		64	65	66	67		69	
71		73	74	75	76	77	78		80
81	82	83		85		87	88	89	90
91	92	93	94		96		98		100
101	102	103	104	105	106	107	108	109	110

2 □の なかに すうじを かいて，かずを じゅんに ならべましょう。 〔1つ 3てん〕

71	72	73	74	75		77	78		80
81		83		85	86		88	89	90
	92	93	94		96	97	98	99	100
101	102		104	105	106	107		109	
111	112	113	114	115	116	117	118	119	120

©くもん出版

かずの ならびを おぼえよう。

3 □の なかに すうじを かいて, かずを じゅんに ならべましょう。 〔1つ 2てん〕

61		63	64	65	66	67	68		70
71	72	73	74	75	76		78	79	
81	82	83	84		86	87		89	90
91	92		94	95		97	98	99	100
	102	103		105	106	107	108	109	110

4 □の なかに すうじを かいて, かずを じゅんに ならべましょう。 〔1つ 3てん〕

71	72		74	75	76	77		79	80
81	82	83	84	85		87	88		90
91	92	93		95	96		98	99	100
101		103	104		106	107	108	109	110
	112	113	114	115	116	117	118	119	

かずの ならびを おぼえよう。

	てん

15 たす1（1）

がつ 月　にち 日　なまえ　はじめ　じ　ふん　おわり　じ　ふん

1 つぎの すうを かきましょう。　〔1もん　2てん〕

① 1 ⟶ 2

② 2 ⟶ ☐

③ 3 ⟶ ☐

④ 4 ⟶ ☐

⑤ 6 ⟶ ☐

⑥ 4 ⟶ ☐

⑦ 5 ⟶ ☐

⑧ 7 ⟶ ☐

⑨ 9 ⟶ ☐

⑩ 8 ⟶ ☐

2 つぎの すうを かきましょう。　〔☐1つ　2てん〕

① 2 ⟶ 3

$2 + 1 = 3$

に　たす　いち　は　さん

② 3 ⟶ ☐

$3 + 1 = $ ☐

さん　たす　いち　は

③ 5 ⟶ ☐

$5 + 1 = $ ☐

④ 6 ⟶ ☐

$6 + 1 = $ ☐

©くもん出版

つぎの すうを かいて みよう。

29

3 よみながら かきましょう。

〔1もん 3てん〕

1 $1+1=2$
いち たす いち は に

2 $2+1=3$
に たす いち は さん

3 $3+1=4$
さん たす いち は よん

4 $4+1=5$
よん たす いち は ご

5 $5+1=6$
ご たす いち は ろく

6 $6+1=7$
ろく たす いち は なな

7 $7+1=8$
なな たす いち は はち

8 $8+1=9$
はち たす いち は きゅう

9 $9+1=10$
きゅう たす いち は じゅう

10 $10+1=11$
じゅう たす いち は じゅういち

> **6** 6+1は
> 6より 1
> おおきい
> 7に
> なります。

4 たしざんを しましょう。

〔1もん 3てん〕

1 $4+1=$

2 $5+1=$

3 $6+1=$

4 $1+1=$

5 $2+1=$

6 $3+1=$

7 $4+1=$

8 $6+1=$

9 $7+1=$

10 $8+1=$

11 $9+1=$

12 $10+1=$

30 1を たす たしざんを おぼえよう。

てん

16 たす1（2）

 月 日 なまえ　　　　　　　　　　　はじめ　じ　ふん　おわり　じ　ふん

1 たしざんを しましょう。　　　　〔1もん 2てん〕

❶ 4 ＋ 1 ＝　　　　　❻ 9 ＋ 1 ＝

❷ 3 ＋ 1 ＝　　　　　❼ 8 ＋ 1 ＝

❸ 2 ＋ 1 ＝　　　　　❽ 7 ＋ 1 ＝

❹ 1 ＋ 1 ＝　　　　　❾ 6 ＋ 1 ＝

❺ 10 ＋ 1 ＝　　　　❿ 5 ＋ 1 ＝

2 たしざんを しましょう。　　　　〔1もん 2てん〕

❶ 1 ＋ 1 ＝　　　　　❻ 4 ＋ 1 ＝

❷ 3 ＋ 1 ＝　　　　　❼ 6 ＋ 1 ＝

❸ 5 ＋ 1 ＝　　　　　❽ 8 ＋ 1 ＝

❹ 7 ＋ 1 ＝　　　　　❾ 10 ＋ 1 ＝

❺ 2 ＋ 1 ＝　　　　　❿ 9 ＋ 1 ＝

 1を たす たしざんを おぼえよう。

31

3 たしざんを しましょう。

〔1もん 3てん〕

❶ 4 + 1 =

❷ 7 + 1 =

❸ 9 + 1 =

❹ 3 + 1 =

❺ 2 + 1 =

❻ 5 + 1 =

❼ 10 + 1 =

❽ 1 + 1 =

❾ 8 + 1 =

❿ 9 + 1 =

⓫ 2 + 1 =

⓬ 6 + 1 =

⓭ 7 + 1 =

⓮ 4 + 1 =

⓯ 10 + 1 =

⓰ 8 + 1 =

⓱ 1 + 1 =

⓲ 5 + 1 =

⓳ 3 + 1 =

⓴ 6 + 1 =

まちがえた もんだいは, もう いちど
やりなおして みよう。

32

てん

月	日	なまえ	はじめ じ ふん	おわり じ ふん

1 たしざんを しましょう。　　〔1もん　2てん〕

① 6＋1＝

② 7＋1＝

③ 8＋1＝

④ 9＋1＝

⑤ 10＋1＝

⑥ 11＋1＝ 12

⑦ 12＋1＝ 13

⑧ 13＋1＝ 14

⑨ 14＋1＝

⑩ 15＋1＝

2 たしざんを しましょう。　　〔1もん　3てん〕

① 7＋1＝

② 10＋1＝

③ 13＋1＝

④ 5＋1＝

⑤ 15＋1＝

⑥ 11＋1＝

⑦ 9＋1＝

⑧ 8＋1＝

⑨ 12＋1＝

⑩ 14＋1＝

©くもん出版

1を たす たしざんを おぼえよう。

3 たしざんを しましょう。 〔1もん 2てん〕

① 11＋1＝

② 12＋1＝

③ 13＋1＝

④ 14＋1＝

⑤ 15＋1＝

⑥ 16＋1＝ 17

⑦ 17＋1＝ 18

⑧ 18＋1＝ 19

⑨ 19＋1＝

⑩ 20＋1＝

4 たしざんを しましょう。 〔1もん 3てん〕

① 18＋1＝

② 16＋1＝

③ 20＋1＝

④ 17＋1＝

⑤ 12＋1＝

⑥ 11＋1＝

⑦ 13＋1＝

⑧ 19＋1＝

⑨ 14＋1＝

⑩ 15＋1＝

まちがえた もんだいは, もう いちど
やりなおして みよう。

てん

18 たす1（4）

1 たしざんを　しましょう。　〔1もん　2てん〕

❶ 16＋1＝

❷ 17＋1＝

❸ 18＋1＝

❹ 19＋1＝

❺ 20＋1＝

❻ 21＋1＝ 22

❼ 22＋1＝ 23

❽ 23＋1＝ 24

❾ 24＋1＝

❿ 25＋1＝

2 たしざんを　しましょう。　〔1もん　3てん〕

❶ 17＋1＝

❷ 15＋1＝

❸ 20＋1＝

❹ 24＋1＝

❺ 19＋1＝

❻ 22＋1＝

❼ 18＋1＝

❽ 23＋1＝

❾ 25＋1＝

❿ 21＋1＝

 1を　たす　たしざんを　おぼえよう。

35

3 たしざんを しましょう。 〔1もん 2てん〕

① 21＋1＝

② 22＋1＝

③ 23＋1＝

④ 24＋1＝

⑤ 25＋1＝

⑥ 26＋1＝ 27

⑦ 27＋1＝ 28

⑧ 28＋1＝

⑨ 29＋1＝

⑩ 30＋1＝

4 たしざんを しましょう。 〔1もん 3てん〕

① 28＋1＝

② 25＋1＝

③ 23＋1＝

④ 27＋1＝

⑤ 21＋1＝

⑥ 24＋1＝

⑦ 29＋1＝

⑧ 22＋1＝

⑨ 30＋1＝

⑩ 26＋1＝

まちがえた もんだいは, もう いちど
やりなおして みよう。

てん

19 たす1(5)

月 日 なまえ はじめ じ ふん おわり じ ふん

1 たしざんを しましょう。 〔1もん 2てん〕

❶ 26＋1＝

❷ 27＋1＝

❸ 28＋1＝

❹ 29＋1＝

❺ 30＋1＝

❻ 31＋1＝ 32

❼ 32＋1＝

❽ 33＋1＝

❾ 34＋1＝

❿ 35＋1＝

2 たしざんを しましょう。 〔1もん 3てん〕

❶ 28＋1＝

❷ 25＋1＝

❸ 33＋1＝

❹ 30＋1＝

❺ 29＋1＝

❻ 34＋1＝

❼ 31＋1＝

❽ 26＋1＝

❾ 35＋1＝

❿ 32＋1＝

 1を たす たしざんを おぼえよう。

3 たしざんを しましょう。 〔1もん 2てん〕

① 31＋1＝　　　　⑥ 36＋1＝

② 32＋1＝　　　　⑦ 37＋1＝

③ 33＋1＝　　　　⑧ 38＋1＝

④ 34＋1＝　　　　⑨ 39＋1＝

⑤ 35＋1＝　　　　⑩ 40＋1＝

4 たしざんを しましょう。 〔1もん 3てん〕

① 37＋1＝　　　　⑥ 39＋1＝

② 36＋1＝　　　　⑦ 34＋1＝

③ 40＋1＝　　　　⑧ 33＋1＝

④ 38＋1＝　　　　⑨ 35＋1＝

⑤ 31＋1＝　　　　⑩ 32＋1＝

38　まちがえた もんだいは, もう いちど
やりなおして みよう。

てん

20 たす1(6)

月 日　なまえ　　はじめ　じ　ふん　おわり　じ　ふん

1　たしざんを　しましょう。

〔1もん　2てん〕

① 41＋1＝

② 42＋1＝

③ 43＋1＝

④ 51＋1＝

⑤ 52＋1＝

⑥ 53＋1＝

⑦ 44＋1＝

⑧ 45＋1＝

⑨ 46＋1＝

⑩ 47＋1＝

⑪ 54＋1＝

⑫ 55＋1＝

⑬ 56＋1＝

⑭ 57＋1＝

⑮ 48＋1＝

⑯ 49＋1＝

⑰ 50＋1＝

⑱ 58＋1＝

⑲ 59＋1＝

⑳ 60＋1＝

©くもん出版

1を　たす　たしざんを　おぼえよう。

2 たしざんを しましょう。

〔1もん 3てん〕

① 66＋1＝

② 67＋1＝

③ 68＋1＝

④ 76＋1＝

⑤ 77＋1＝

⑥ 78＋1＝

⑦ 86＋1＝

⑧ 87＋1＝

⑨ 88＋1＝

⑩ 89＋1＝

⑪ 96＋1＝

⑫ 97＋1＝

⑬ 98＋1＝

⑭ 99＋1＝

⑮ 101＋1＝

⑯ 100＋1＝

⑰ 108＋1＝

⑱ 110＋1＝

⑲ 109＋1＝

⑳ 118＋1＝

まちがえた もんだいは, もう いちど
やりなおして みよう。

40

てん

21 たす2（1）

月（がつ） 日（にち） なまえ

1 たしざんを　しましょう。 〔1もん　2てん〕

❶
| 1 | 2 | 3→ | 4→ | 5 | 6 | 7 | 8 | 9 | 10 |

$$3 + 2 = 5$$
さん　たす　に　は　ご

❶3＋2は
3より　2
おおきい
5に
なります。

❷
| 1 | 2 | 3 | 4 | 5 | 6→ | 7→ | 8 | 9 | 10 |

$$6 + 2 = 8$$

❸
| 1 | 2 | 3 | 4 | 5→ | 6→ | 7 | 8 | 9 | 10 |

$$5 + 2 =$$

2 たしざんを　しましょう。 〔1もん　3てん〕

| 1 | 2 | 3 | 4 | 5 | 6 | 7 | 8 | 9 | 10 |

❶ $1 + 2 =$　　　　❺ $5 + 2 =$

❷ $4 + 2 =$　　　　❻ $2 + 2 =$

❸ $6 + 2 =$　　　　❼ $7 + 2 =$

❹ $3 + 2 =$　　　　❽ $8 + 2 =$

おわったら，もう　いちど　たしかめて　みよう。

41

3 よみながら かきましょう。 〔1もん 3てん〕

① $1 + 2 = 3$
いち たす に は さん

② $2 + 2 = 4$
に たす に は よん

③ $3 + 2 = 5$
さん たす に は ご

④ $4 + 2 = 6$
よん たす に は ろく

⑤ $5 + 2 = 7$
ご たす に は なな

⑥ $6 + 2 = 8$
ろく たす に は はち

⑦ $7 + 2 = 9$
なな たす に は きゅう

⑧ $8 + 2 = 10$

⑨ $9 + 2 = 11$

⑩ $10 + 2 = 12$

4 たしざんを しましょう。 〔1もん 4てん〕

① $4 + 2 =$

② $5 + 2 =$

③ $6 + 2 =$

④ $1 + 2 =$

⑤ $2 + 2 =$

⑥ $3 + 2 =$

⑦ $7 + 2 =$

⑧ $8 + 2 =$

⑨ $9 + 2 =$

⑩ $10 + 2 =$

2を たす たしざんを おぼえよう。

| てん |

むずかしさ ★★☆

月 日 なまえ　　　　　はじめ　じ　ふん　おわり　じ　ふん

1 たしざんを　しましょう。　　　　〔1もん　2てん〕

❶ 4＋2＝

❷ 3＋2＝

❸ 2＋2＝

❹ 1＋2＝

❺ 10＋2＝

❻ 9＋2＝

❼ 8＋2＝

❽ 7＋2＝

❾ 6＋2＝

❿ 5＋2＝

2 たしざんを　しましょう。　　　　〔1もん　2てん〕

❶ 1＋2＝

❷ 3＋2＝

❸ 5＋2＝

❹ 7＋2＝

❺ 2＋2＝

❻ 4＋2＝

❼ 6＋2＝

❽ 8＋2＝

❾ 10＋2＝

❿ 9＋2＝

©くもん出版

2を　たす　たしざんを　おぼえよう。

3 たしざんを しましょう。

〔1もん 3てん〕

① 4 + 2 =

② 7 + 2 =

③ 9 + 2 =

④ 3 + 2 =

⑤ 2 + 2 =

⑥ 5 + 2 =

⑦ 10 + 2 =

⑧ 1 + 2 =

⑨ 8 + 2 =

⑩ 9 + 2 =

⑪ 2 + 2 =

⑫ 6 + 2 =

⑬ 7 + 2 =

⑭ 4 + 2 =

⑮ 10 + 2 =

⑯ 8 + 2 =

⑰ 1 + 2 =

⑱ 5 + 2 =

⑲ 3 + 2 =

⑳ 6 + 2 =

まちがえた もんだいは, もう いちど
やりなおして みよう。

44

てん

23 たす2(3)

月 日 なまえ　　　　　　　　　はじめ じ ふん おわり じ ふん

1 たしざんを しましょう。 〔1もん 2てん〕

❶ 6＋2＝

❷ 7＋2＝

❸ 8＋2＝

❹ 9＋2＝

❺ 10＋2＝

❻ 11＋2＝

❼ 12＋2＝

❽ 13＋2＝

❾ 14＋2＝

❿ 15＋2＝

2 たしざんを しましょう。 〔1もん 3てん〕

❶ 5＋2＝

❷ 6＋2＝

❸ 10＋2＝

❹ 12＋2＝

❺ 8＋2＝

❻ 11＋2＝

❼ 13＋2＝

❽ 15＋2＝

❾ 9＋2＝

❿ 14＋2＝

©くもん出版

 2を たす たしざんを おぼえよう。

3 たしざんを しましょう。 〔1もん 2てん〕

① 11＋2＝

② 12＋2＝

③ 13＋2＝

④ 14＋2＝

⑤ 15＋2＝

⑥ 16＋2＝

⑦ 17＋2＝

⑧ 18＋2＝

⑨ 19＋2＝

⑩ 20＋2＝

4 たしざんを しましょう。 〔1もん 3てん〕

① 14＋2＝

② 16＋2＝

③ 15＋2＝

④ 11＋2＝

⑤ 17＋2＝

⑥ 12＋2＝

⑦ 20＋2＝

⑧ 19＋2＝

⑨ 13＋2＝

⑩ 18＋2＝

まちがえた もんだいは, もう いちど
やりなおして みよう。

てん

24 たす2（4）

月 日　なまえ　はじめ　じ　ふん　おわり　じ　ふん

1 たしざんを　しましょう。　　　〔1もん　2てん〕

① 16＋2＝

② 17＋2＝

③ 18＋2＝

④ 19＋2＝

⑤ 20＋2＝

⑥ 21＋2＝

⑦ 22＋2＝

⑧ 23＋2＝

⑨ 24＋2＝

⑩ 25＋2＝

2 たしざんを　しましょう。　　　〔1もん　3てん〕

① 14＋2＝

② 20＋2＝

③ 23＋2＝

④ 21＋2＝

⑤ 16＋2＝

⑥ 22＋2＝

⑦ 25＋2＝

⑧ 18＋2＝

⑨ 24＋2＝

⑩ 19＋2＝

2を　たす　たしざんを　おぼえよう。

47

3　たしざんを　しましょう。

〔1もん　2てん〕

① 21＋2＝

② 22＋2＝

③ 23＋2＝

④ 24＋2＝

⑤ 25＋2＝

⑥ 26＋2＝

⑦ 27＋2＝

⑧ 28＋2＝

⑨ 29＋2＝

⑩ 30＋2＝

4　たしざんを　しましょう。

〔1もん　3てん〕

① 27＋2＝

② 25＋2＝

③ 24＋2＝

④ 26＋2＝

⑤ 28＋2＝

⑥ 30＋2＝

⑦ 22＋2＝

⑧ 20＋2＝

⑨ 23＋2＝

⑩ 29＋2＝

まちがえた　もんだいは，もう　いちど
やりなおして　みよう。

てん

月　日　なまえ　　はじめ　じ　ふん　おわり　じ　ふん

1 たしざんを　しましょう。　　〔1もん　2てん〕

① 26＋2＝

② 27＋2＝

③ 28＋2＝

④ 29＋2＝

⑤ 30＋2＝

⑥ 31＋2＝

⑦ 32＋2＝

⑧ 33＋2＝

⑨ 34＋2＝

⑩ 35＋2＝

2 たしざんを　しましょう。　　〔1もん　3てん〕

① 27＋2＝

② 30＋2＝

③ 33＋2＝

④ 35＋2＝

⑤ 31＋2＝

⑥ 29＋2＝

⑦ 26＋2＝

⑧ 34＋2＝

⑨ 28＋2＝

⑩ 32＋2＝

2を　たす　たしざんを　おぼえよう。

3 たしざんを しましょう。 〔1もん 2てん〕

① $36 + 2 =$

② $37 + 2 =$

③ $38 + 2 =$

④ $39 + 2 =$

⑤ $40 + 2 =$

⑥ $41 + 2 =$

⑦ $42 + 2 =$

⑧ $43 + 2 =$

⑨ $44 + 2 =$

⑩ $45 + 2 =$

4 たしざんを しましょう。 〔1もん 3てん〕

① $35 + 2 =$

② $40 + 2 =$

③ $45 + 2 =$

④ $42 + 2 =$

⑤ $38 + 2 =$

⑥ $43 + 2 =$

⑦ $41 + 2 =$

⑧ $36 + 2 =$

⑨ $44 + 2 =$

⑩ $39 + 2 =$

©くもん出版

まちがえた もんだいは, もう いちど
やりなおして みよう。

てん

26 たす3（1）

月　日　なまえ　　　はじめ　じ　ふん　おわり　じ　ふん

1 たしざんを　しましょう。　〔1もん　2てん〕

①

| 1 | 2 →| 3 →| 4 →| 5 | 6 | 7 | 8 | 9 | 10 |

$$2 + 3 = 5$$
に　たす　さん　は　ご

②

| 1 | 2 | 3 | 4 →| 5 →| 6 →| 7 | 8 | 9 | 10 |

$$4 + 3 = 7$$

③

| 1 | 2 | 3 | 4 | 5 | 6 →| 7 →| 8 →| 9 | 10 |

$$6 + 3 =$$

❶2＋3は
2より　3
おおきい
5に
なります。

2 たしざんを　しましょう。　〔1もん　3てん〕

| 1 | 2 | 3 | 4 | 5 | 6 | 7 | 8 | 9 | 10 |

① $1 + 3 =$　　**⑤** $5 + 3 =$

② $3 + 3 =$　　**⑥** $4 + 3 =$

③ $2 + 3 =$　　**⑦** $6 + 3 =$

④ $4 + 3 =$　　**⑧** $7 + 3 =$

©くもん出版

おわったら，もう　いちど　たしかめて　みよう。

51

3 よみながら　かきましょう。　　　　　　　〔1もん　3てん〕

① $1 + 3 = 4$
いち　たす　さん　は　よん

② $2 + 3 = 5$
に　たす　さん　は　ご

③ $3 + 3 = 6$

④ $4 + 3 = 7$

⑤ $5 + 3 = 8$

⑥ $6 + 3 = 9$

⑦ $7 + 3 = 10$

⑧ $8 + 3 = 11$

⑨ $9 + 3 = 12$

⑩ $10 + 3 = 13$

4 たしざんを　しましょう。　　　　　　　〔1もん　4てん〕

① $4 + 3 =$

② $5 + 3 =$

③ $6 + 3 =$

④ $1 + 3 =$

⑤ $2 + 3 =$

⑥ $3 + 3 =$

⑦ $7 + 3 =$

⑧ $8 + 3 =$

⑨ $9 + 3 =$

⑩ $10 + 3 =$

52　　　　　3を　たす　たしざんを　おぼえよう。

てん

27 たす3（2）

 月　日　なまえ　はじめ　じ　ふん　おわり　じ　ふん

1 たしざんを　しましょう。　〔1もん　2てん〕

① 1＋3＝
② 3＋3＝
③ 5＋3＝
④ 7＋3＝
⑤ 2＋3＝

⑥ 4＋3＝
⑦ 6＋3＝
⑧ 8＋3＝
⑨ 10＋3＝
⑩ 9＋3＝

2 たしざんを　しましょう。　〔1もん　3てん〕

① 4＋3＝
② 7＋3＝
③ 9＋3＝
④ 10＋3＝
⑤ 2＋3＝

⑥ 5＋3＝
⑦ 3＋3＝
⑧ 1＋3＝
⑨ 6＋3＝
⑩ 8＋3＝

©くもん出版

3を　たす　たしざんを　おぼえよう。

53

3 たしざんを しましょう。 〔1もん 2てん〕

① 6＋3＝

② 7＋3＝

③ 8＋3＝

④ 9＋3＝

⑤ 10＋3＝

⑥ 11＋3＝

⑦ 12＋3＝

⑧ 13＋3＝

⑨ 14＋3＝

⑩ 15＋3＝

4 たしざんを しましょう。 〔1もん 3てん〕

① 7＋3＝

② 10＋3＝

③ 13＋3＝

④ 11＋3＝

⑤ 14＋3＝

⑥ 12＋3＝

⑦ 8＋3＝

⑧ 5＋3＝

⑨ 15＋3＝

⑩ 9＋3＝

まちがえた もんだいは, もう いちど
やりなおして みよう。

てん

月　日　なまえ　　はじめ　じ　ふん　おわり　じ　ふん

1　たしざんを　しましょう。　〔1もん　2てん〕

❶ 11＋3＝

❷ 12＋3＝

❸ 13＋3＝

❹ 14＋3＝

❺ 15＋3＝

❻ 16＋3＝

❼ 17＋3＝

❽ 18＋3＝

❾ 19＋3＝

❿ 20＋3＝

2　たしざんを　しましょう。　〔1もん　3てん〕

❶ 14＋3＝

❷ 15＋3＝

❸ 16＋3＝

❹ 17＋3＝

❺ 8＋3＝

❻ 9＋3＝

❼ 10＋3＝

❽ 18＋3＝

❾ 19＋3＝

❿ 20＋3＝

©くもん出版

3を　たす　たしざんを　おぼえよう。

3 たしざんを しましょう。 〔1もん 2てん〕

① 7 + 3 =

② 17 + 3 =

③ 18 + 3 =

④ 19 + 3 =

⑤ 20 + 3 =

⑥ 21 + 3 =

⑦ 22 + 3 =

⑧ 23 + 3 =

⑨ 24 + 3 =

⑩ 25 + 3 =

4 たしざんを しましょう。 〔1もん 3てん〕

① 14 + 3 =

② 24 + 3 =

③ 11 + 3 =

④ 21 + 3 =

⑤ 23 + 3 =

⑥ 25 + 3 =

⑦ 17 + 3 =

⑧ 18 + 3 =

⑨ 22 + 3 =

⑩ 19 + 3 =

まちがえた もんだいは, もう いちど
やりなおして みよう。

てん

月　日　なまえ

はじめ　じ　ふん　おわり　じ　ふん

1　たしざんを　しましょう。　　〔1もん　2てん〕

1	2	3	4	5	6	7	8	9	10

❶　1 ＋ 3 ＝ 4　　　　❺　2 ＋ 3 ＝

❷　1 ＋ 4 ＝ 5　　　　❻　2 ＋ 4 ＝

❸　4 ＋ 3 ＝ 7　　　　❼　5 ＋ 3 ＝

❹　4 ＋ 4 ＝　　　　　❽　5 ＋ 4 ＝

2　たしざんを　しましょう。　　〔1もん　3てん〕

❶　1 ＋ 4 ＝ 5　　　　❻　6 ＋ 4 ＝ 10

❷　2 ＋ 4 ＝ 6　　　　❼　7 ＋ 4 ＝ 11

❸　3 ＋ 4 ＝ 7　　　　❽　8 ＋ 4 ＝ 12

❹　4 ＋ 4 ＝ 8　　　　❾　9 ＋ 4 ＝ 13

❺　5 ＋ 4 ＝ 9　　　　❿　10 ＋ 4 ＝ 14

©くもん出版

4を　たす　たしざんを　おぼえよう。

3 たしざんを しましょう。 〔1もん 3てん〕

① 4＋4＝

② 5＋4＝

③ 6＋4＝

④ 1＋4＝

⑤ 2＋4＝

⑥ 3＋4＝

⑦ 7＋4＝

⑧ 8＋4＝

⑨ 9＋4＝

⑩ 10＋4＝

4 たしざんを しましょう。 〔1もん 3てん〕

① 1＋4＝

② 3＋4＝

③ 2＋4＝

④ 4＋4＝

⑤ 6＋4＝

⑥ 8＋4＝

⑦ 10＋4＝

⑧ 7＋4＝

まちがえた もんだいは，もう いちど
やりなおして みよう。

てん

58

むずかしさ ★★★

月 日 なまえ　はじめ　じ　ふん　おわり　じ　ふん

1 たしざんを しましょう。　〔1もん 2てん〕

① 7＋4＝　　⑥ 11＋4＝

② 3＋4＝　　⑦ 12＋4＝

③ 8＋4＝　　⑧ 13＋4＝

④ 9＋4＝　　⑨ 14＋4＝

⑤ 10＋4＝　　⑩ 15＋4＝

2 たしざんを しましょう。　〔1もん 3てん〕

① 9＋4＝　　⑥ 5＋4＝

② 3＋4＝　　⑦ 15＋4＝

③ 13＋4＝　　⑧ 8＋4＝

④ 11＋4＝　　⑨ 6＋4＝

⑤ 12＋4＝　　⑩ 14＋4＝

©くもん出版

4を たす たしざんを おぼえよう。

3 たしざんを しましょう。 〔1もん 2てん〕

① 13＋4＝　　　　　　⑥ 18＋4＝

② 14＋4＝　　　　　　⑦ 19＋4＝

③ 15＋4＝　　　　　　⑧ 9＋4＝

④ 16＋4＝　　　　　　⑨ 8＋4＝

⑤ 17＋4＝　　　　　　⑩ 7＋4＝

4 たしざんを しましょう。 〔1もん 3てん〕

① 8＋4＝　　　　　　⑥ 5＋4＝

② 18＋4＝　　　　　　⑦ 13＋4＝

③ 11＋4＝　　　　　　⑧ 9＋4＝

④ 7＋4＝　　　　　　⑨ 16＋4＝

⑤ 17＋4＝　　　　　　⑩ 18＋4＝

まちがえた もんだいは, もう いちど
やりなおして みよう。

60

てん

たす5（1）

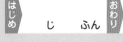

| 月 日 | なまえ | はじめ　じ　ふん　おわり　じ　ふん |

1 たしざんを しましょう。　　　　〔1もん 2てん〕

| 1 | 2 | 3 | 4 | 5 | 6 | 7 | 8 | 9 | 10 |

❶ 2 ＋ 4 ＝ 6　　　❺ 3 ＋ 4 ＝

❷ 2 ＋ 5 ＝ 7　　　❻ 3 ＋ 5 ＝

❸ 1 ＋ 4 ＝ 5　　　❼ 5 ＋ 4 ＝

❹ 1 ＋ 5 ＝　　　　❽ 5 ＋ 5 ＝

2 たしざんを しましょう。　　　　〔1もん 3てん〕

❶ 1 ＋ 5 ＝ 6　　　❻ 6 ＋ 5 ＝ 11

❷ 2 ＋ 5 ＝ 7　　　❼ 7 ＋ 5 ＝ 12

❸ 3 ＋ 5 ＝ 8　　　❽ 8 ＋ 5 ＝ 13

❹ 4 ＋ 5 ＝ 9　　　❾ 9 ＋ 5 ＝ 14

❺ 5 ＋ 5 ＝ 10　　❿ 10 ＋ 5 ＝ 15

©くもん出版

5を たす たしざんを おぼえよう。

3 たしざんを しましょう。 〔1もん 3てん〕

❶ 4＋5＝　　　　　❻ 3＋5＝

❷ 5＋5＝　　　　　❼ 7＋5＝

❸ 6＋5＝　　　　　❽ 8＋5＝

❹ 1＋5＝　　　　　❾ 9＋5＝

❺ 2＋5＝　　　　　❿ 10＋5＝

4 たしざんを しましょう。 〔1もん 3てん〕

❶ 3＋5＝　　　　　❺ 5＋5＝

❷ 1＋5＝　　　　　❻ 9＋5＝

❸ 4＋5＝　　　　　❼ 7＋5＝

❹ 2＋5＝　　　　　❽ 10＋5＝

©くもん出版

まちがえた もんだいは, もう いちど
やりなおして みよう。

てん

むずかしさ
★★★

32 たす5（2）

月 日　なまえ　はじめ　じ　ふん　おわり　じ　ふん

1 たしざんを しましょう。　〔1もん 2てん〕

❶ 9＋5＝

❷ 10＋5＝

❸ 11＋5＝

❹ 2＋5＝

❺ 12＋5＝

❻ 3＋5＝

❼ 13＋5＝

❽ 4＋5＝

❾ 14＋5＝

❿ 7＋5＝

2 たしざんを しましょう。　〔1もん 2てん〕

❶ 5＋5＝

❷ 8＋5＝

❸ 11＋5＝

❹ 6＋5＝

❺ 9＋5＝

❻ 12＋5＝

❼ 7＋5＝

❽ 10＋5＝

❾ 13＋5＝

❿ 14＋5＝

©くもん出版

5を たす たしざんを おぼえよう。

63

3　たしざんを　しましょう。 〔1もん　3てん〕

① 13＋5＝

② 14＋5＝

③ 15＋5＝

④ 16＋5＝

⑤ 17＋5＝

⑥ 18＋5＝

⑦ 19＋5＝

⑧ 10＋5＝

⑨ 11＋5＝

⑩ 12＋5＝

4　たしざんを　しましょう。 〔1もん　3てん〕

① 6＋5＝

② 16＋5＝

③ 8＋5＝

④ 18＋5＝

⑤ 3＋5＝

⑥ 13＋5＝

⑦ 9＋5＝

⑧ 19＋5＝

⑨ 7＋5＝

⑩ 17＋5＝

まちがえた　もんだいは，もう　いちど
やりなおして　みよう。

てん

たす6（1）

むずかしさ
★ ★ ☆

月　日　なまえ　　　　はじめ　じ　ふん　おわり　じ　ふん

1 たしざんを　しましょう。　　　〔1もん　2てん〕

❶ 2 ＋ 5 ＝ 7

❷ 2 ＋ 6 ＝ 8

❸ 1 ＋ 5 ＝ 6

❹ 1 ＋ 6 ＝

❺ 3 ＋ 5 ＝

❻ 3 ＋ 6 ＝

❼ 4 ＋ 5 ＝

❽ 4 ＋ 6 ＝

2 たしざんを　しましょう。　　　〔1もん　3てん〕

❶ 1 ＋ 6 ＝ 7

❷ 2 ＋ 6 ＝ 8

❸ 3 ＋ 6 ＝ 9

❹ 4 ＋ 6 ＝

❺ 5 ＋ 6 ＝

❻ 6 ＋ 6 ＝

❼ 7 ＋ 6 ＝

❽ 8 ＋ 6 ＝

❾ 9 ＋ 6 ＝

❿ 10 ＋ 6 ＝

©くもん出版

6を　たす　たしざんを　おぼえよう。

65

3 たしざんを しましょう。 〔1もん 3てん〕

① 4 + 6 =   ⑥ 3 + 6 =

② 5 + 6 =   ⑦ 7 + 6 =

③ 6 + 6 =   ⑧ 8 + 6 =

④ 1 + 6 =   ⑨ 9 + 6 =

⑤ 2 + 6 =   ⑩ 10 + 6 =

4 たしざんを しましょう。 〔1もん 3てん〕

① 1 + 6 =   ⑤ 6 + 6 =

② 3 + 6 =   ⑥ 7 + 6 =

③ 4 + 6 =   ⑦ 10 + 6 =

④ 2 + 6 =   ⑧ 9 + 6 =

まちがえた もんだいは, もう いちど
やりなおして みよう。

てん

66

34 たす6（2）

1 たしざんを しましょう。 〔1もん 2てん〕

① $1 + 6 =$

② $3 + 6 =$

③ $2 + 6 =$

④ $4 + 6 =$

⑤ $6 + 6 =$

⑥ $5 + 6 =$

⑦ $7 + 6 =$

⑧ $9 + 6 =$

⑨ $10 + 6 =$

⑩ $8 + 6 =$

2 たしざんを しましょう。 〔1もん 2てん〕

① $10 + 6 =$

② $11 + 6 =$

③ $12 + 6 =$

④ $13 + 6 =$

⑤ $14 + 6 =$

⑥ $15 + 6 =$

⑦ $3 + 6 =$

⑧ $13 + 6 =$

⑨ $4 + 6 =$

⑩ $14 + 6 =$

6を たす たしざんを おぼえよう。

3 たしざんを しましょう。

〔1もん 3てん〕

① 7 ＋ 6 ＝

② 12 ＋ 6 ＝

③ 14 ＋ 6 ＝

④ 5 ＋ 6 ＝

⑤ 2 ＋ 6 ＝

⑥ 15 ＋ 6 ＝

⑦ 9 ＋ 6 ＝

⑧ 13 ＋ 6 ＝

⑨ 8 ＋ 6 ＝

⑩ 11 ＋ 6 ＝

⑪ 1 ＋ 6 ＝

⑫ 7 ＋ 6 ＝

⑬ 13 ＋ 6 ＝

⑭ 2 ＋ 6 ＝

⑮ 8 ＋ 6 ＝

⑯ 14 ＋ 6 ＝

⑰ 3 ＋ 6 ＝

⑱ 9 ＋ 6 ＝

⑲ 15 ＋ 6 ＝

⑳ 12 ＋ 6 ＝

まちがえた もんだいは, もう いちど
やりなおして みよう。

てん

がつ 月　にち 日　なまえ

はじめ　じ　ふん　おわり　じ　ふん

1 たしざんを しましょう。　〔1もん 2てん〕

① $2 + 6 = 8$

② $2 + 7 = 9$

③ $1 + 6 = 7$

④ $1 + 7 =$

⑤ $4 + 6 =$

⑥ $4 + 7 =$

⑦ $5 + 6 =$

⑧ $5 + 7 =$

2 たしざんを しましょう。　〔1もん 3てん〕

① $1 + 7 = 8$

② $2 + 7 = 9$

③ $3 + 7 =$

④ $4 + 7 =$

⑤ $5 + 7 =$

⑥ $6 + 7 =$

⑦ $7 + 7 =$

⑧ $8 + 7 =$

⑨ $9 + 7 =$

⑩ $10 + 7 =$

©くもん出版

7を たす たしざんを おぼえよう。

69

3 たしざんを しましょう。 〔1もん 3てん〕

❶ $4 + 7 =$ ❻ $3 + 7 =$

❷ $5 + 7 =$ ❼ $7 + 7 =$

❸ $6 + 7 =$ ❽ $8 + 7 =$

❹ $1 + 7 =$ ❾ $9 + 7 =$

❺ $2 + 7 =$ ❿ $10 + 7 =$

4 たしざんを しましょう。 〔1もん 3てん〕

❶ $2 + 7 =$ ❺ $6 + 7 =$

❷ $1 + 7 =$ ❻ $8 + 7 =$

❸ $3 + 7 =$ ❼ $10 + 7 =$

❹ $5 + 7 =$ ❽ $7 + 7 =$

まちがえた もんだいは, もう いちど
やりなおして みよう。

てん

36 たす7・たす8

月　日　なまえ　はじめ　じ　ふん　おわり　じ　ふん

1 たしざんを しましょう。　〔1もん　3てん〕

① 9＋7＝

② 10＋7＝

③ 11＋7＝

④ 12＋7＝

⑤ 2＋7＝

⑥ 3＋7＝

⑦ 13＋7＝

⑧ 14＋7＝

⑨ 15＋7＝

⑩ 5＋7＝

2 たしざんを しましょう。　〔1もん　3てん〕

① 11＋7＝

② 8＋7＝

③ 13＋7＝

④ 4＋7＝

⑤ 15＋7＝

⑥ 14＋7＝

⑦ 10＋7＝

⑧ 3＋7＝

7を たす たしざんを おぼえよう。

3　たしざんを　しましょう。　　　　　〔1もん　2てん〕

1　$2 + 7 = 9$　　　　5　$3 + 7 =$

2　$2 + 8 = 10$　　　　6　$3 + 8 =$

3　$1 + 7 = 8$　　　　7　$4 + 7 =$

4　$1 + 8 =$　　　　8　$4 + 8 =$

4　たしざんを　しましょう。　　　　　〔1もん　3てん〕

1　$1 + 8 = 9$　　　　6　$6 + 8 =$

2　$2 + 8 =$　　　　7　$7 + 8 =$

3　$3 + 8 =$　　　　8　$8 + 8 =$

4　$4 + 8 =$　　　　9　$9 + 8 =$

5　$5 + 8 =$　　　　10　$10 + 8 =$

72　　　8を　たす　たしざんを　おぼえよう。　　　　　てん

37 たす8

月　日　なまえ　　はじめ　じ　ふん　おわり　じ　ふん

1 たしざんを　しましょう。　　〔1もん　2てん〕

① 4 ＋ 8 =

② 5 ＋ 8 =

③ 6 ＋ 8 =

④ 1 ＋ 8 =

⑤ 2 ＋ 8 =

⑥ 3 ＋ 8 =

⑦ 7 ＋ 8 =

⑧ 8 ＋ 8 =

⑨ 9 ＋ 8 =

⑩ 10 ＋ 8 =

2 たしざんを　しましょう。　　〔1もん　2てん〕

① 8 ＋ 8 =

② 5 ＋ 8 =

③ 10 ＋ 8 =

④ 7 ＋ 8 =

⑤ 1 ＋ 8 =

⑥ 6 ＋ 8 =

⑦ 3 ＋ 8 =

⑧ 2 ＋ 8 =

⑨ 9 ＋ 8 =

⑩ 4 ＋ 8 =

8を　たす　たしざんを　おぼえよう。

3 たしざんを しましょう。 〔1もん 3てん〕

① $9 + 8 =$

② $10 + 8 =$

③ $11 + 8 =$

④ $12 + 8 =$

⑤ $2 + 8 =$

⑥ $3 + 8 =$

⑦ $13 + 8 =$

⑧ $14 + 8 =$

⑨ $15 + 8 =$

⑩ $7 + 8 =$

4 たしざんを しましょう。 〔1もん 3てん〕

① $7 + 8 =$

② $13 + 8 =$

③ $5 + 8 =$

④ $14 + 8 =$

⑤ $9 + 8 =$

⑥ $3 + 8 =$

⑦ $1 + 8 =$

⑧ $11 + 8 =$

⑨ $4 + 8 =$

⑩ $15 + 8 =$

©くもん出版

まちがえた もんだいは, もう いちど
やりなおして みよう。

てん

38 たす9

| 月 | 日 | なまえ | | はじめ じ ふん おわり じ ふん |

1 たしざんを しましょう。　〔1もん 2てん〕

① $2 + 8 = 10$　　⑤ $3 + 8 =$

② $2 + 9 = 11$　　⑥ $3 + 9 =$

③ $1 + 8 = 9$　　⑦ $5 + 8 =$

④ $1 + 9 =$　　⑧ $5 + 9 =$

2 たしざんを しましょう。　〔1もん 3てん〕

① $1 + 9 = 10$　　⑥ $6 + 9 =$

② $2 + 9 =$　　⑦ $7 + 9 =$

③ $3 + 9 =$　　⑧ $8 + 9 =$

④ $4 + 9 =$　　⑨ $9 + 9 =$

⑤ $5 + 9 =$　　⑩ $10 + 9 =$

9を たす たしざんを おぼえよう。

75

3 たしざんを しましょう。 〔1もん 3てん〕

① 3＋9＝

② 5＋9＝

③ 1＋9＝

④ 7＋9＝

⑤ 9＋9＝

⑥ 2＋9＝

⑦ 10＋9＝

⑧ 6＋9＝

4 たしざんを しましょう。 〔1もん 3てん〕

① 8＋9＝

② 9＋9＝

③ 10＋9＝

④ 11＋9＝

⑤ 12＋9＝

⑥ 13＋9＝

⑦ 6＋9＝

⑧ 4＋9＝

⑨ 3＋9＝

⑩ 13＋9＝

76

まちがえた もんだいは, もう いちど
やりなおして みよう。

てん

月 日　なまえ　　　はじめ　じ　ふん　おわり　じ　ふん

1　たしざんを しましょう。　〔1もん 2てん〕

① 7＋9＝

② 6＋9＝

③ 9＋9＝

④ 8＋9＝

⑤ 10＋9＝

⑥ 11＋9＝

⑦ 13＋9＝

⑧ 14＋9＝

⑨ 15＋9＝

⑩ 12＋9＝

2　たしざんを しましょう。　〔1もん 2てん〕

① 1＋10＝

② 2＋10＝

③ 3＋10＝

④ 4＋10＝

⑤ 5＋10＝

⑥ 6＋10＝

⑦ 7＋10＝

⑧ 8＋10＝

⑨ 9＋10＝

⑩ 10＋10＝

© くもん出版

9や 10を たす たしざんを おぼえよう。

3 たしざんを しましょう。 〔1もん 3てん〕

① $9 + 9 =$ ⑥ $14 + 9 =$

② $5 + 9 =$ ⑦ $5 + 9 =$

③ $10 + 9 =$ ⑧ $15 + 9 =$

④ $7 + 9 =$ ⑨ $8 + 9 =$

⑤ $12 + 9 =$ ⑩ $11 + 9 =$

4 たしざんを しましょう。 〔1もん 3てん〕

① $7 + 10 =$ ⑥ $11 + 10 =$

② $6 + 10 =$ ⑦ $13 + 10 =$

③ $9 + 10 =$ ⑧ $14 + 10 =$

④ $8 + 10 =$ ⑨ $12 + 10 =$

⑤ $10 + 10 =$ ⑩ $15 + 10 =$

まちがえた もんだいは, もう いちど
やりなおして みよう。

てん

40 たして 16まで

月 日　なまえ　　はじめ　じ　ふん　おわり　じ　ふん

1 けいさんを しましょう。

〔1もん 2てん〕

① 8 + 1 =

② 12 + 2 =

③ 9 + 2 =

④ 13 + 3 =

⑤ 8 + 3 =

⑥ 11 + 4 =

⑦ 9 + 4 =

⑧ 10 + 5 =

⑨ 8 + 5 =

⑩ 10 + 6 =

⑪ 8 + 6 =

⑫ 4 + 7 =

⑬ 6 + 7 =

⑭ 3 + 8 =

⑮ 6 + 8 =

⑯ 7 + 9 =

⑰ 4 + 9 =

⑱ 2 + 10 =

⑲ 6 + 10 =

⑳ 5 + 9 =

㉑ 3 + 9 =

㉒ 8 + 8 =

㉓ 6 + 8 =

㉔ 9 + 7 =

㉕ 7 + 8 =

おわったら，もう いちど たしかめて みよう。

2 けいさんを しましょう。

〔1もん 2てん〕

① $9 + 5 =$

② $9 + 6 =$

③ $10 + 5 =$

④ $11 + 4 =$

⑤ $11 + 5 =$

⑥ $12 + 4 =$

⑦ $12 + 3 =$

⑧ $13 + 2 =$

⑨ $13 + 3 =$

⑩ $14 + 2 =$

⑪ $14 + 1 =$

⑫ $15 + 1 =$

⑬ $12 + 2 =$

⑭ $11 + 3 =$

⑮ $10 + 6 =$

⑯ $6 + 10 =$

⑰ $5 + 11 =$

⑱ $2 + 11 =$

⑲ $1 + 12 =$

⑳ $4 + 12 =$

㉑ $1 + 13 =$

㉒ $2 + 13 =$

㉓ $1 + 14 =$

㉔ $2 + 14 =$

㉕ $1 + 15 =$

©くもん出版

⑮⑯ $10 + 6$と $6 + 10$は, おなじだね。
ほかにも あるか さがして みよう。

てん

| | 月 | 日 | なまえ | | はじめ | じ | ふん | おわり | じ | ふん |

1 けいさんを しましょう。

〔1もん 2てん〕

① 7 + 7 =

② 8 + 7 =

③ 9 + 7 =

④ 10 + 3 =

⑤ 10 + 8 =

⑥ 11 + 4 =

⑦ 11 + 7 =

⑧ 12 + 6 =

⑨ 12 + 3 =

⑩ 13 + 4 =

⑪ 13 + 5 =

⑫ 14 + 4 =

⑬ 14 + 2 =

⑭ 15 + 3 =

⑮ 16 + 2 =

⑯ 17 + 1 =

⑰ 2 + 10 =

⑱ 4 + 11 =

⑲ 7 + 11 =

⑳ 5 + 12 =

㉑ 4 + 13 =

㉒ 3 + 14 =

㉓ 2 + 16 =

㉔ 2 + 15 =

㉕ 1 + 17 =

©くもん出版

おわったら, もう いちど たしかめて みよう。

81

2 けいさんを しましょう。

① $10 + 9 =$

② $11 + 7 =$

③ $11 + 9 =$

④ $12 + 8 =$

⑤ $12 + 6 =$

⑥ $13 + 7 =$

⑦ $14 + 5 =$

⑧ $15 + 3 =$

⑨ $16 + 4 =$

⑩ $17 + 2 =$

⑪ $18 + 1 =$

⑫ $19 + 1 =$

⑬ $6 + 11 =$

⑭ $8 + 11 =$

⑮ $7 + 12 =$

⑯ $8 + 12 =$

⑰ $5 + 13 =$

⑱ $7 + 13 =$

⑲ $5 + 14 =$

⑳ $3 + 15 =$

㉑ $5 + 15 =$

㉒ $3 + 16 =$

㉓ $3 + 17 =$

㉔ $2 + 18 =$

㉕ $1 + 19 =$

©くもん出版

たして 20までの たしざんに ちょうせん
しよう。

てん

82

むずかしさ ★★★

| 月 日 | なまえ | はじめ じ ふん おわり じ ふん |

1 けいさんを しましょう。　　　　〔1もん 2てん〕

① 14＋2 ＝

② 14＋6 ＝

③ 14＋7 ＝

④ 14＋8 ＝

⑤ 14＋9 ＝

⑥ 15＋4 ＝

⑦ 15＋6 ＝

⑧ 15＋7 ＝

⑨ 15＋8 ＝

⑩ 15＋9 ＝

⑪ 16＋3 ＝

⑫ 16＋5 ＝

⑬ 16＋6 ＝

⑭ 16＋7 ＝

⑮ 16＋8 ＝

⑯ 17＋2 ＝

⑰ 17＋4 ＝

⑱ 17＋6 ＝

⑲ 17＋7 ＝

⑳ 18＋1 ＝

㉑ 18＋3 ＝

㉒ 18＋5 ＝

㉓ 18＋6 ＝

㉔ 19＋3 ＝

㉕ 19＋5 ＝

©くもん出版

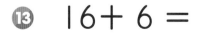

たして 24までの たしざんに ちょうせん
しよう。

2 けいさんを しましょう。

① $13 + 8 =$

② $13 + 9 =$

③ $14 + 7 =$

④ $14 + 9 =$

⑤ $15 + 8 =$

⑥ $15 + 9 =$

⑦ $16 + 6 =$

⑧ $16 + 7 =$

⑨ $16 + 8 =$

⑩ $16 + 9 =$

⑪ $17 + 5 =$

⑫ $17 + 6 =$

⑬ $17 + 7 =$

⑭ $17 + 8 =$

⑮ $17 + 9 =$

⑯ $18 + 4 =$

⑰ $18 + 6 =$

⑱ $18 + 7 =$

⑲ $18 + 8 =$

⑳ $18 + 9 =$

㉑ $19 + 4 =$

㉒ $19 + 6 =$

㉓ $19 + 7 =$

㉔ $19 + 8 =$

㉕ $19 + 9 =$

©くもん出版

たして 28までの たしざんに ちょうせん
しよう。

84

てん

43 たして 24・28まで(2)

むずかしさ ★★★

| 月 日 | なまえ | | はじめ じ ふん おわり じ ふん |

1 けいさんを しましょう。

〔1もん 2てん〕

① 7 ＋10＝

② 9 ＋10＝

③ 5 ＋11＝

④ 7 ＋11＝

⑤ 8 ＋11＝

⑥ 4 ＋12＝

⑦ 7 ＋12＝

⑧ 9 ＋12＝

⑨ 6 ＋13＝

⑩ 7 ＋13＝

⑪ 9 ＋13＝

⑫ 4 ＋14＝

⑬ 6 ＋14＝

⑭ 8 ＋14＝

⑮ 3 ＋15＝

⑯ 5 ＋15＝

⑰ 9 ＋15＝

⑱ 3 ＋16＝

⑲ 8 ＋16＝

⑳ 4 ＋17＝

㉑ 5 ＋17＝

㉒ 6 ＋18＝

㉓ 5 ＋18＝

㉔ 3 ＋19＝

㉕ 5 ＋19＝

 もう いちど たして 24までの たしざん に ちょうせんしよう。

2 けいさんを しましょう。 〔1もん 2てん〕

① 3 + 13 =

② 3 + 15 =

③ 3 + 16 =

④ 3 + 17 =

⑤ 4 + 14 =

⑥ 4 + 17 =

⑦ 4 + 18 =

⑧ 5 + 13 =

⑨ 5 + 15 =

⑩ 5 + 19 =

⑪ 6 + 12 =

⑫ 6 + 16 =

⑬ 6 + 19 =

⑭ 7 + 14 =

⑮ 7 + 15 =

⑯ 7 + 18 =

⑰ 7 + 19 =

⑱ 8 + 12 =

⑲ 8 + 13 =

⑳ 8 + 17 =

㉑ 8 + 19 =

㉒ 9 + 12 =

㉓ 9 + 14 =

㉔ 9 + 16 =

㉕ 9 + 19 =

もう いちど たして 28までの たしざん
に ちょうせんしよう。

てん

86

44 おおきな かずの たしざん（1）

月　日　　なまえ　　　　　　　　　　　はじめ　じ　ふん　おわり　じ　ふん

1 けいさんを しましょう。

〔1もん　2てん〕

① 10＋3＝

② 20＋3＝

③ 30＋3＝

④ 40＋3＝

⑤ 50＋3＝

⑥ 50＋6＝

⑦ 60＋6＝

⑧ 70＋6＝

⑨ 80＋6＝

⑩ 90＋6＝

⑪ 7＋10＝

⑫ 7＋20＝

⑬ 7＋30＝

⑭ 7＋40＝

⑮ 7＋50＝

⑯ 4＋50＝

⑰ 4＋60＝

⑱ 4＋70＝

⑲ 4＋80＝

⑳ 4＋90＝

©くもん出版

十のくらい，一のくらいに ちゅういして けいさんしよう。

87

2 けいさんを しましょう。

〔1もん 3てん〕

❶ $50 + 5 =$

❷ $70 + 3 =$

❸ $20 + 6 =$

❹ $10 + 9 =$

❺ $80 + 7 =$

❻ $30 + 4 =$

❼ $90 + 2 =$

❽ $40 + 1 =$

❾ $60 + 8 =$

❿ $70 + 9 =$

⓫ $6 + 30 =$

⓬ $8 + 40 =$

⓭ $2 + 60 =$

⓮ $3 + 90 =$

⓯ $9 + 50 =$

⓰ $7 + 70 =$

⓱ $1 + 20 =$

⓲ $4 + 10 =$

⓳ $5 + 80 =$

⓴ $7 + 90 =$

©くもん出版

まちがえた もんだいは, もう いちど
やりなおして みよう。

88

てん

45 おおきな かずの たしざん(2)

むずかしさ ★★☆

月 日	なまえ	はじめ　じ　ふん　おわり　じ　ふん

1 けいさんを しましょう。

〔1もん 2てん〕

① 32＋5＝

② 42＋5＝

③ 52＋5＝

④ 62＋5＝

⑤ 72＋5＝

⑥ 23＋6＝

⑦ 43＋6＝

⑧ 63＋6＝

⑨ 83＋6＝

⑩ 93＋6＝

⑪ 4＋24＝

⑫ 4＋34＝

⑬ 4＋44＝

⑭ 4＋54＝

⑮ 4＋64＝

⑯ 8＋51＝

⑰ 8＋61＝

⑱ 8＋71＝

⑲ 8＋81＝

⑳ 8＋91＝

©くもん出版

 十のくらい，一のくらいに ちゅういして けいさんしよう。

89

2 けいさんを しましょう。

〔1もん 3てん〕

❶ $16 + 3 =$

❷ $52 + 4 =$

❸ $85 + 2 =$

❹ $66 + 3 =$

❺ $23 + 5 =$

❻ $77 + 2 =$

❼ $35 + 4 =$

❽ $82 + 4 =$

❾ $41 + 6 =$

❿ $55 + 3 =$

⓫ $7 + 31 =$

⓬ $5 + 43 =$

⓭ $1 + 88 =$

⓮ $3 + 33 =$

⓯ $2 + 55 =$

⓰ $4 + 63 =$

⓱ $6 + 72 =$

⓲ $8 + 41 =$

⓳ $5 + 53 =$

⓴ $6 + 61 =$

まちがえた もんだいは, もう いちど
やりなおして みよう。

てん

46 おおきな　かずの　たしざん(3)

むずかしさ ★★★

| 月 日 | なまえ | | はじめ　じ　ふん　おわり　じ　ふん |

1 けいさんを　しましょう。

〔1もん　2てん〕

❶ 10＋10＝20

❷ 20＋10＝30

❸ 30＋10＝40

❹ 50＋10＝

❺ 10＋20＝

❻ 30＋20＝

❼ 50＋20＝

❽ 70＋20＝

❾ 10＋30＝

❿ 20＋30＝

⓫ 50＋30＝

⓬ 60＋30＝

⓭ 70＋30＝100

⓮ 20＋40＝

⓯ 50＋40＝

⓰ 60＋40＝

⓱ 10＋50＝

⓲ 40＋50＝

⓳ 50＋50＝

⓴ 20＋60＝

 十のくらい，一のくらいに　ちゅういして　けいさんしよう。

2 けいさんを しましょう。

〔1もん 3てん〕

① 40＋50＝

② 80＋20＝

③ 30＋60＝

④ 40＋20＝

⑤ 60＋10＝

⑥ 50＋30＝

⑦ 10＋40＝

⑧ 30＋30＝

⑨ 70＋20＝

⑩ 90＋10＝

⑪ 20＋50＝

⑫ 10＋30＝

⑬ 40＋30＝

⑭ 30＋50＝

⑮ 60＋20＝

⑯ 70＋30＝

⑰ 50＋40＝

⑱ 40＋40＝

⑲ 80＋10＝

⑳ 30＋40＝

©くもん出版

まちがえた もんだいは, もう いちど
やりなおして みよう。

てん

おおきな　かずの　たしざん（4）

1　けいさんを　しましょう。

〔1もん　2てん〕

① 17＋10＝

② 17＋20＝

③ 19＋20＝

④ 19＋30＝

⑤ 26＋30＝

⑥ 26＋40＝

⑦ 35＋40＝

⑧ 35＋50＝

⑨ 41＋50＝

⑩ 41＋40＝

⑪ 31＋20＝

⑫ 42＋30＝

⑬ 55＋40＝

⑭ 18＋80＝

⑮ 22＋70＝

⑯ 24＋60＝

⑰ 36＋50＝

⑱ 48＋40＝

⑲ 57＋30＝

⑳ 66＋20＝

おおきな　かずどうしの　たしざんに　ちょうせんしよう。

2 けいさんを しましょう。

〔1もん 3てん〕

❶ $10+38=$

❷ $20+38=$

❸ $30+48=$

❹ $40+58=$

❺ $50+22=$

❻ $60+22=$

❼ $70+11=$

❽ $80+11=$

❾ $20+63=$

❿ $30+54=$

⑪ $40+27=$

⑫ $50+12=$

⑬ $60+36=$

⑭ $70+21=$

⑮ $80+13=$

⑯ $20+55=$

⑰ $30+68=$

⑱ $40+49=$

⑲ $50+34=$

⑳ $60+26=$

まちがえた もんだいは, もう いちど
やりなおして みよう。

てん

おおきな　かず・0の　たしざん（1）

むずかしさ
★★★

がつ　月　にち　日　なまえ　はじめ　じ　ふん　おわり　じ　ふん

1 けいさんを　しましょう。

〔1もん　2てん〕

① 34＋10＝

② 34＋11＝

③ 34＋12＝

④ 34＋13＝

⑤ 34＋14＝

⑥ 34＋15＝

⑦ 46＋20＝

⑧ 46＋21＝

⑨ 46＋22＝

⑩ 46＋23＝

⑪ 10＋3＝

⑫ 10＋2＝

⑬ 10＋1＝

⑭ 10＋0＝

⑮ 15＋0＝

⑯ 15＋1＝

⑰ 15＋2＝

⑱ 15＋3＝

⑲ 20＋0＝

⑳ 25＋0＝

たす0は
なにも
たさない
のと　お
なじだね。

もう　いちど　おおきな　かずの　たしざんに　ちょうせんしよう。

2 けいさんを しましょう。

〔1もん　3てん〕

① $54 + 5 =$

② $54 + 15 =$

③ $54 + 25 =$

④ $54 + 35 =$

⑤ $54 + 45 =$

⑥ $54 + 0 =$

⑦ $21 + 5 =$

⑧ $21 + 15 =$

⑨ $21 + 25 =$

⑩ $21 + 35 =$

⑪ $21 + 45 =$

⑫ $21 + 55 =$

⑬ $21 + 65 =$

⑭ $21 + 75 =$

⑮ $21 + 0 =$

⑯ $62 + 4 =$

⑰ $62 + 14 =$

⑱ $62 + 24 =$

⑲ $62 + 34 =$

⑳ $63 + 0 =$

©くもん出版

まちがえた　もんだいは，もう　いちど
やりなおして　みよう。

てん

おおきな　かず・0の　たしざん(2)

1 けいさんを　しましょう。 〔1もん　2てん〕

① 60＋4 =

② 3 ＋30=

③ 40＋9 =

④ 7 ＋50=

⑤ 82＋3 =

⑥ 6 ＋62=

⑦ 55＋4 =

⑧ 2 ＋86=

⑨ 40＋20=

⑩ 30＋50=

⑪ 10＋60=

⑫ 50＋40=

⑬ 26＋50=

⑭ 32＋30=

⑮ 80＋13=

⑯ 20＋71=

⑰ 43＋30=

⑱ 43＋31=

⑲ 43＋32=

⑳ 43＋33=

©くもん出版

おおきな　かずの　たしざんの　まとめに　ちょうせんしよう。

2 けいさんを しましょう。

〔1もん 3てん〕

① 64＋ 4 ＝

② 64＋14＝

③ 64＋24＝

④ 64＋34＝

⑤ 5 ＋30＝

⑥ 5 ＋20＝

⑦ 5 ＋10＝

⑧ 5 ＋ 0 ＝

⑨ 25＋10＝

⑩ 25＋ 0 ＝

⑪ 3 ＋52＝

⑫ 13＋52＝

⑬ 23＋52＝

⑭ 33＋52＝

⑮ 30＋14＝

⑯ 20＋14＝

⑰ 10＋14＝

⑱ 0 ＋14＝ 14

⑲ 14＋ 0 ＝

⑳ 0 ＋ 0 ＝ 0

©くもん出版

まちがえた もんだいは，もう いちど
やりなおして みよう。

てん

98

50 しんだんテスト

1 □に あてはまる すうじを かきましょう。〔1つ 2てん〕

81		83	84	85	86	87	88	89	90
	92	93	94	95	96	97	98		100
101	102	103		105	106	107	108	109	110
111	112	113	114	115	116		118	119	

2 つぎの けいさんを しましょう。 〔1もん 2てん〕

① 6 + 1 =

② 9 + 1 =

③ 7 + 1 =

④ 8 + 2 =

⑤ 5 + 2 =

⑥ 4 + 2 =

⑦ 7 + 3 =

⑧ 6 + 3 =

⑨ 9 + 4 =

⑩ 8 + 4 =

⑪ 6 + 4 =

⑫ 7 + 4 =

⑬ 7 + 5 =

⑭ 9 + 5 =

⑮ 8 + 5 =

⑯ 5 + 5 =

3 つぎの けいさんを しましょう。　　　　〔1もん　2てん〕

❶ 3 + 6 =　　　　❾ 2 + 8 =

❷ 5 + 6 =　　　　❿ 4 + 8 =

❸ 7 + 6 =　　　　⓫ 6 + 8 =

❹ 9 + 6 =　　　　⓬ 9 + 8 =

❺ 2 + 7 =　　　　⓭ 7 + 9 =

❻ 4 + 7 =　　　　⓮ 5 + 9 =

❼ 6 + 7 =　　　　⓯ 8 + 9 =

❽ 8 + 7 =　　　　⓰ 9 + 9 =

4 つぎの けいさんを しましょう。　　　　〔1もん　2てん〕

❶ 10 + 7 =　　　　❹ 12 + 6 =

❷ 10 + 9 =　　　　❺ 15 + 3 =

❸ 11 + 4 =　　　　❻ 17 + 2 =

5 つぎの けいさんを しましょう。　　　　〔1もん　2てん〕

❶ 50 + 8 =　　　　❹ 20 + 30 =

❷ 33 + 6 =　　　　❺ 60 + 40 =

❸ 82 + 5 =　　　　❻ 8 + 0 =

てんすうを つけてから, 111ページの
アドバイス を よもう。

てん

1·2 すうじの れんしゅう(1)(2) P.1〜4

> アドバイス すうじの れんしゅうは，じょうずに できましたね。1から 10まで しっかり おぼえて おきましょう。

③ 10までの かず P.5・6

1

1	2	3	4	5		6	7	8	9	10
1	2	3	4	5		6	7	8	9	10

2

1	2	3	4	5		6	7	8	9	10

3

1	2	3	4	5
6	7	8	9	10

4

3	4	1	2	0		8	7	6	10	9

④ 15までの かず P.7・8

1

1	2	3	4	5
6	7	8	9	10

2

3	6	4	1	9		5	8	2	7	0

3

1	2	3	4	5
6	7	8	9	10
11	12	13	14	15

4

1	2	3	4	5		1	2	3	4	5
6	7	8	9	10		6	7	8	9	10
11	12	13	14	15		11	12	13	14	15

⑤ 20までの かず P.9・10

1

1	2	3	4	5
6	7	8	9	10
11	12	13	14	15
16	17	18	19	20

2

1	2	3	4	5
6	7	8	9	10
11	12	13	14	15

3

11	12	13	14	15
16	17	18	19	20

4

1	2	3	4	5
6	7	8	9	10
11	12	13	14	15
16	17	18	19	20

5

11	12	13	14	15
16	17	18	19	20

6

16	17	18	19	20		17	16	19	18	20

⑥ すうじの ひょう(1) P.11・12

1

1	2	3	4	5	6	7	8	9	10
11	12	13	14	15	16	17	18	19	20
21	22	23	24	25	26	27	28	29	30

2

1	2	3	4	5	6	7	8	9	10
11	12	13	14	15	16	17	18	19	20
21	22	23	24	25	26	27	28	29	30

3

1	2	3	4	5	6	7	8	9	10
11	12	13	14	15	16	17	18	19	20
21	22	23	24	25	26	27	28	29	30

4

1	2	3	4	5	6	7	8	9	10
11	12	13	14	15	16	17	18	19	20
21	22	23	24	25	26	27	28	29	30

⑦ すうじの ひょう(2) P.13・14

1

1	2	3	4	5	6	7	8	9	10
11	12	13	14	15	16	17	18	19	20
21	22	23	24	25	26	27	28	29	30

2

1	2	3	4	5	6	7	8	9	10
11	12	13	14	15	16	17	18	19	20
21	22	23	24	25	26	27	28	29	30
31	32	33	34	35	36	37	38	39	40

3

1	2	3	4	5	6	7	8	9	10
11	12	13	14	15	16	17	18	19	20
21	22	23	24	25	26	27	28	29	30
31	32	33	34	35	36	37	38	39	40

4

1	2	3	4	5	6	7	8	9	10
11	12	13	14	15	16	17	18	19	20
21	22	23	24	25	26	27	28	29	30
31	32	33	34	35	36	37	38	39	40
41	42	43	44	45	46	47	48	49	50

⑧ すうじの ひょう(3) P.15・16

1

1	2	3	4	5	6	7	8	9	10
11	12	13	14	15	16	17	18	19	20
21	22	23	24	25	26	27	28	29	30
31	32	33	34	35	36	37	38	39	40
41	42	43	44	45	46	47	48	49	50

2

51	52	53	54	55	56	57	58	59	60
61	62	63	64	65	66	67	68	69	70
71	72	73	74	75	76	77	78	79	80
81	82	83	84	85	86	87	88	89	90
91	92	93	94	95	96	97	98	99	100

3

51	52	53	54	55	56	57	58	59	60
61	62	63	64	65	66	67	68	69	70
71	72	73	74	75	76	77	78	79	80
81	82	83	84	85	86	87	88	89	90
91	92	93	94	95	96	97	98	99	100

4

51	52	53	54	55	56	57	58	59	60
61	62	63	64	65	66	67	68	69	70
71	72	73	74	75	76	77	78	79	80
81	82	83	84	85	86	87	88	89	90
91	92	93	94	95	96	97	98	99	100

⑨ すうじの ひょう(4) P.17・18

1

51	52	53	54	55	56	57	58	59	60
61	62	63	64	65	66	67	68	69	70
71	72	73	74	75	76	77	78	79	80
81	82	83	84	85	86	87	88	89	90
91	92	93	94	95	96	97	98	99	100

2

51	52	53	54	55	56	57	58	59	60
61	62	63	64	65	66	67	68	69	70
71	72	73	74	75	76	77	78	79	80
81	82	83	84	85	86	87	88	89	90
91	92	93	94	95	96	97	98	99	100

3

51	52	53	54	55	56	57	58	59	60
61	62	63	64	65	66	67	68	69	70
71	72	73	74	75	76	77	78	79	80
81	82	83	84	85	86	87	88	89	90
91	92	93	94	95	96	97	98	99	100

4

51	52	53	54	55	56	57	58	59	60
61	62	63	64	65	66	67	68	69	70
71	72	73	74	75	76	77	78	79	80
81	82	83	84	85	86	87	88	89	90
91	92	93	94	95	96	97	98	99	100

⑩ すうじの ひょう(5) P.19・20

1

51	52	53	54	55	56	57	58	59	60
61	62	63	64	65	66	67	68	69	70
71	72	73	74	75	76	77	78	79	80
81	82	83	84	85	86	87	88	89	90
91	92	93	94	95	96	97	98	99	100

2

51	52	53	54	55	56	57	58	59	60
61	62	63	64	65	66	67	68	69	70
71	72	73	74	75	76	77	78	79	80
81	82	83	84	85	86	87	88	89	90
91	92	93	94	95	96	97	98	99	100

3

51	52	53	54	55	56	57	58	59	60
61	62	63	64	65	66	67	68	69	70
71	72	73	74	75	76	77	78	79	80
81	82	83	84	85	86	87	88	89	90
91	92	93	94	95	96	97	98	99	100

4

1	2	3	4	5	6	7	8	9	10
11	12	13	14	15	16	17	18	19	20
21	22	23	24	25	26	27	28	29	30
31	32	33	34	35	36	37	38	39	40
41	42	43	44	45	46	47	48	49	50

アドバイス たての れつは、一の くらいの かずが みんな おなじです。十のくらいの かずは、したに いくに つれて 1ずつ ふえて います。

11 すうじの ひょう(6) P.21・22

1

51	52	53	54	55	56	57	58	59	60
61	62	63	64	65	66	67	68	69	70
71	72	73	74	75	76	77	78	79	80
81	82	83	84	85	86	87	88	89	90
91	92	93	94	95	96	97	98	99	100

2

1	2	3	4	5	6	7	8	9	10
11	12	13	14	15	16	17	18	19	20
21	22	23	24	25	26	27	28	29	30
31	32	33	34	35	36	37	38	39	40
41	42	43	44	45	46	47	48	49	50

3

1	2	3	4	5	6	7	8	9	10
11	12	13	14	15	16	17	18	19	20
21	22	23	24	25	26	27	28	29	30
31	32	33	34	35	36	37	38	39	40
41	42	43	44	45	46	47	48	49	50

4

51	52	53	54	55	56	57	58	59	60
61	62	63	64	65	66	67	68	69	70
71	72	73	74	75	76	77	78	79	80
81	82	83	84	85	86	87	88	89	90
91	92	93	94	95	96	97	98	99	100

12 かずならべ(1) P.23・24

1

1	2	3	4	5	6	7	8	9	10
11	12	13	14	15	16	17	18	19	20
21	22	23	24	25	26	27	28	29	30
31	32	33	34	35	36	37	38	39	40
41	42	43	44	45	46	47	48	49	50

2

51	52	53	54	55	56	57	58	59	60
61	62	63	64	65	66	67	68	69	70
71	72	73	74	75	76	77	78	79	80
81	82	83	84	85	86	87	88	89	90
91	92	93	94	95	96	97	98	99	100

3

1	2	3	4	5	6	7	8	9	10
11	12	13	14	15	16	17	18	19	20
21	22	23	24	25	26	27	28	29	30
31	32	33	34	35	36	37	38	39	40
41	42	43	44	45	46	47	48	49	50

4

51	52	53	54	55	56	57	58	59	60
61	62	63	64	65	66	67	68	69	70
71	72	73	74	75	76	77	78	79	80
81	82	83	84	85	86	87	88	89	90
91	92	93	94	95	96	97	98	99	100

13 かずならべ(2) P.25・26

1

1	2	3	4	5	6	7	8	9	10
11	12	13	14	15	16	17	18	19	20
21	22	23	24	25	26	27	28	29	30
31	32	33	34	35	36	37	38	39	40
41	42	43	44	45	46	47	48	49	50

2

51	52	53	54	55	56	57	58	59	60
61	62	63	64	65	66	67	68	69	70
71	72	73	74	75	76	77	78	79	80
81	82	83	84	85	86	87	88	89	90
91	92	93	94	95	96	97	98	99	100

3

1	2	3	4	5	6	7	8	9	10
11	12	13	14	15	16	17	18	19	20
21	22	23	24	25	26	27	28	29	30
31	32	33	34	35	36	37	38	39	40
41	42	43	44	45	46	47	48	49	50

4

51	52	53	54	55	56	57	58	59	60
61	62	63	64	65	66	67	68	69	70
71	72	73	74	75	76	77	78	79	80
81	82	83	84	85	86	87	88	89	90
91	92	93	94	95	96	97	98	99	100

14 かずならべ（3）　P.27・28

1

61	62	63	64	65	66	67	68	69	70
71	72	73	74	75	76	77	78	79	80
81	82	83	84	85	86	87	88	89	90
91	92	93	94	95	96	97	98	99	100
101	102	103	104	105	106	107	108	109	110

2

71	72	73	74	75	76	77	78	79	80
81	82	83	84	85	86	87	88	89	90
91	92	93	94	95	96	97	98	99	100
101	102	103	104	105	106	107	108	109	110
111	112	113	114	115	116	117	118	119	120

3

61	62	63	64	65	66	67	68	69	70
71	72	73	74	75	76	77	78	79	80
81	82	83	84	85	86	87	88	89	90
91	92	93	94	95	96	97	98	99	100
101	102	103	104	105	106	107	108	109	110

4

71	72	73	74	75	76	77	78	79	80
81	82	83	84	85	86	87	88	89	90
91	92	93	94	95	96	97	98	99	100
101	102	103	104	105	106	107	108	109	110
111	112	113	114	115	116	117	118	119	120

15 たす1（1）　P.29・30

1　❶2　❻5
❷3　❼6
❸4　❽8
❹5　❾10
❺7　❿9

2　❶3　❸6
　　3　　6
❷4　❹7
　　4　　7

3
> **アドバイス**
>
> じょうずに
> よみながら
> かけましたか。
> 1を　たす
> れんしゅうを
> しましょう。

4　❶5　❼5
❷6　❽7
❸7　❾8
❹2　❿9
❺3　⓫10
❻4　⓬11

16 たす1（2）　P.31・32

1　❶5　❻10
❷4　❼9
❸3　❽8
❹2　❾7
❺11　❿6

2　❶2　❻5
❷4　❼7
❸6　❽9
❹8　❾11
❺3　❿10

3　❶5　⓫3
❷8　⓬7
❸10　⓭8
❹4　⓮5
❺3　⓯11
❻6　⓰9
❼11　⓱2
❽2　⓲6
❾9　⓳4
❿10　⓴7

P.33・34

17 たす1(3)

1
❶7	❻12
❷8	❼13
❸9	❽14
❹10	❾15
❺11	❿16

2
❶8	❻12
❷11	❼10
❸14	❽9
❹6	❾13
❺16	❿15

3
❶12	❻17
❷13	❼18
❸14	❽19
❹15	❾20
❺16	❿21

4
❶19	❻12
❷17	❼14
❸21	❽20
❹18	❾15
❺13	❿16

P.35・36

18 たす1(4)

1
❶17	❻22
❷18	❼23
❸19	❽24
❹20	❾25
❺21	❿26

2
❶18	❻23
❷16	❼19
❸21	❽24
❹25	❾26
❺20	❿22

3
❶22	❻27
❷23	❼28
❸24	❽29
❹25	❾30
❺26	❿31

4
❶29	❻25
❷26	❼30
❸24	❽23
❹28	❾31
❺22	❿27

P.37・38

19 たす1(5)

1
❶27	❻32
❷28	❼33
❸29	❽34
❹30	❾35
❺31	❿36

2
❶29	❻35
❷26	❼32
❸34	❽27
❹31	❾36
❺30	❿33

3
❶32	❻37
❷33	❼38
❸34	❽39
❹35	❾40
❺36	❿41

4
❶38	❻40
❷37	❼35
❸41	❽34
❹39	❾36
❺32	❿33

P.39・40

20 たす1(6)

1
❶42	⓫55
❷43	⓬56
❸44	⓭57
❹52	⓮58
❺53	⓯49
❻54	⓰50
❼45	⓱51
❽46	⓲59
❾47	⓳60
❿48	⓴61

2
❶67	⓫97
❷68	⓬98
❸69	⓭99
❹77	⓮100
❺78	⓯102
❻79	⓰101
❼87	⓱109
❽88	⓲111
❾89	⓳110
❿90	⓴119

P.41・42

21 たす2(1)

1
| ❶5 |
| ❷8 |
| ❸7 |

2
❶3	❺7
❷6	❻4
❸8	❼9
❹5	❽10

3

アドバイス

よみながら
かけましたか。
2を たす
れんしゅうを
しましょう。

4
❶6	❻5
❷7	❼9
❸8	❽10
❹3	❾11
❺4	❿12

P.43・44

22 たす2(2)

1
❶6	❻11
❷5	❼10
❸4	❽9
❹3	❾8
❺12	❿7

2
❶3	❻6
❷5	❼8
❸7	❽10
❹9	❾12
❺4	❿11

3
❶6	⓫4
❷9	⓬8
❸11	⓭9
❹5	⓮6
❺4	⓯12
❻7	⓰10
❼12	⓱3
❽3	⓲7
❾10	⓳5
❿11	⓴8

23 たす2(3) P.45・46

1
❶8	❻13
❷9	❼14
❸10	❽15
❹11	❾16
❺12	❿17

3
❶13	❻18
❷14	❼19
❸15	❽20
❹16	❾21
❺17	❿22

2
❶7	❻13
❷8	❼15
❸12	❽17
❹14	❾11
❺10	❿16

4
❶16	❻14
❷18	❼22
❸17	❽21
❹13	❾15
❺19	❿20

24 たす2(4) P.47・48

1
❶18	❻23
❷19	❼24
❸20	❽25
❹21	❾26
❺22	❿27

3
❶23	❻28
❷24	❼29
❸25	❽30
❹26	❾31
❺27	❿32

2
❶16	❻24
❷22	❼27
❸25	❽20
❹23	❾26
❺18	❿21

4
❶29	❻32
❷27	❼24
❸26	❽22
❹28	❾25
❺30	❿31

25 たす2(5) P.49・50

1
❶28	❻33
❷29	❼34
❸30	❽35
❹31	❾36
❺32	❿37

3
❶38	❻43
❷39	❼44
❸40	❽45
❹41	❾46
❺42	❿47

2
❶29	❻31
❷32	❼28
❸35	❽36
❹37	❾30
❺33	❿34

4
❶37	❻45
❷42	❼43
❸47	❽38
❹44	❾46
❺40	❿41

26 たす3(1) P.51・52

1
❶5
❷7
❸9

2
❶4	❺8
❷6	❻7
❸5	❼9
❹7	❽10

3 アドバイス
よみながら
かけましたか。
3を　たす
れんしゅうを
しましょう。

4
❶7	❻6
❷8	❼10
❸9	❽11
❹4	❾12
❺5	❿13

27 たす3(2) P.53・54

1
❶4	❻7
❷6	❼9
❸8	❽11
❹10	❾13
❺5	❿12

3
❶9	❻14
❷10	❼15
❸11	❽16
❹12	❾17
❺13	❿18

2
❶7	❻8
❷10	❼6
❸12	❽4
❹13	❾9
❺5	❿11

4
❶10	❻15
❷13	❼11
❸16	❽8
❹14	❾18
❺17	❿12

28 たす3(3) P.55・56

1
❶14	❻19
❷15	❼20
❸16	❽21
❹17	❾22
❺18	❿23

3
❶10	❻24
❷20	❼25
❸21	❽26
❹22	❾27
❺23	❿28

2
❶17	❻12
❷18	❼13
❸19	❽21
❹20	❾22
❺11	❿23

4
❶17	❻28
❷27	❼20
❸14	❽21
❹24	❾25
❺26	❿22

㉙ たす4（1） P.57・58

1
①4 ⑤5
②5 ⑥6
③7 ⑦8
④8 ⑧9

2

3
①8 ⑥7
②9 ⑦11
③10 ⑧12
④5 ⑨13
⑤6 ⑩14

4
①5 ⑤10
②7 ⑥12
③6 ⑦14
④8 ⑧11

㉚ たす4（2） P.59・60

1
①11 ⑥15
②7 ⑦16
③12 ⑧17
④13 ⑨18
⑤14 ⑩19

2
①13 ⑥9
②7 ⑦19
③17 ⑧12
④15 ⑨10
⑤16 ⑩18

3
①17 ⑥22
②18 ⑦23
③19 ⑧13
④20 ⑨12
⑤21 ⑩11

4
①12 ⑥9
②22 ⑦17
③15 ⑧13
④11 ⑨20
⑤21 ⑩22

㉛ たす5（1） P.61・62

1
①6 ⑤7
②7 ⑥8
③5 ⑦9
④6 ⑧10

2

3
①9 ⑥8
②10 ⑦12
③11 ⑧13
④6 ⑨14
⑤7 ⑩15

4
①8 ⑤10
②6 ⑥14
③9 ⑦12
④7 ⑧15

㉜ たす5（2） P.63・64

1
①14 ⑥8
②15 ⑦18
③16 ⑧9
④7 ⑨19
⑤17 ⑩12

2
①10 ⑥17
②13 ⑦12
③16 ⑧15
④11 ⑨18
⑤14 ⑩19

3
①18 ⑥23
②19 ⑦24
③20 ⑧15
④21 ⑨16
⑤22 ⑩17

4
①11 ⑥18
②21 ⑦14
③13 ⑧24
④23 ⑨12
⑤8 ⑩22

㉝ たす6（1） P.65・66

1
①7 ⑤8
②8 ⑥9
③6 ⑦9
④7 ⑧10

2
①7 ⑥12
②8 ⑦13
③9 ⑧14
④10 ⑨15
⑤11 ⑩16

3
①10 ⑥9
②11 ⑦13
③12 ⑧14
④7 ⑨15
⑤8 ⑩16

4
①7 ⑤12
②9 ⑥13
③10 ⑦16
④8 ⑧15

㉞ たす6（2） P.67・68

1
- ❶7　❻11
- ❷9　❼13
- ❸8　❽15
- ❹10　❾16
- ❺12　❿14

2
- ❶16　❻21
- ❷17　❼9
- ❸18　❽19
- ❹19　❾10
- ❺20　❿20

3
- ❶13　⓫17
- ❷18　⓬13
- ❸20　⓭19
- ❹11　⓮8
- ❺8　⓯14
- ❻21　⓰20
- ❼15　⓱9
- ❽19　⓲15
- ❾14　⓳21
- ❿17　⓴18

㉟ たす7 P.69・70

1
- ❶8　❺10
- ❷9　❻11
- ❸7　❼11
- ❹8　❽12

2
- ❶8　❻13
- ❷9　❼14
- ❸10　❽15
- ❹11　❾16
- ❺12　❿17

3
- ❶11　❻10
- ❷12　❼14
- ❸13　❽15
- ❹8　❾16
- ❺9　❿17

4
- ❶9　❺13
- ❷8　❻15
- ❸10　❼17
- ❹12　❽14

㊱ たす7・たす8 P.71・72

1
- ❶16　❻10
- ❷17　❼20
- ❸18　❽21
- ❹19　❾22
- ❺9　❿12

2
- ❶18　❺22
- ❷15　❻21
- ❸20　❼17
- ❹11　❽10

3
- ❶9　❺10
- ❷10　❻11
- ❸8　❼11
- ❹9　❽12

4
- ❶9　❻14
- ❷10　❼15
- ❸11　❽16
- ❹12　❾17
- ❺13　❿18

㊲ たす8 P.73・74

1
- ❶12　❻11
- ❷13　❼15
- ❸14　❽16
- ❹9　❾17
- ❺10　❿18

2
- ❶16　❻14
- ❷13　❼11
- ❸18　❽10
- ❹15　❾17
- ❺9　❿12

3
- ❶17　❻11
- ❷18　❼21
- ❸19　❽22
- ❹20　❾23
- ❺10　❿15

4
- ❶15　❻11
- ❷21　❼9
- ❸13　❽19
- ❹22　❾12
- ❺17　❿23

㊳ たす9 P.75・76

1
- ❶10　❺11
- ❷11　❻12
- ❸9　❼13
- ❹10　❽14

2
- ❶10　❻15
- ❷11　❼16
- ❸12　❽17
- ❹13　❾18
- ❺14　❿19

3
- ❶12　❺18
- ❷14　❻11
- ❸10　❼19
- ❹16　❽15

4
- ❶17　❻22
- ❷18　❼15
- ❸19　❽13
- ❹20　❾12
- ❺21　❿22

㊴ たす9・たす10 P.77・78

1
- ❶16　❻20
- ❷15　❼22
- ❸18　❽23
- ❹17　❾24
- ❺19　❿21

2
- ❶11　❻16
- ❷12　❼17
- ❸13　❽18
- ❹14　❾19
- ❺15　❿20

3
- ❶18　❻23
- ❷14　❼14
- ❸19　❽24
- ❹16　❾17
- ❺21　❿20

4
- ❶17　❻21
- ❷16　❼23
- ❸19　❽24
- ❹18　❾22
- ❺20　❿25

㊵ たして 16まで P.79・80

1
❶9	⑭11		
❷14	⑮14		
❸11	⑯16		
❹16	⑰13		
❺11	⑱12		
❻15	⑲16		
❼13	⑳14		
❽15	㉑12		
❾13	㉒16		
❿16	㉓14		
⓫14	㉔16		
⓬11	㉕15		
⓭13			

2
❶14	⑭14
❷15	⑮16
❸15	⑯16
❹15	⑰16
❺16	⑱13
❻16	⑲13
❼15	⑳16
❽15	㉑14
❾16	㉒15
❿16	㉓15
⓫15	㉔16
⓬16	㉕16
⓭14	

アドバイス ここまでの たしざんの まとめの れんしゅうです。こたえが すらすらと でるように なるまで，たす1から たす10を よく おさらいして おきましょう。

㊶ たして 18・20まで P.81・82

1
❶14	⑭18
❷15	⑮18
❸16	⑯18
❹13	⑰12
❺18	⑱15
❻15	⑲18
❼18	⑳17
❽18	㉑17
❾15	㉒17
❿17	㉓18
⓫18	㉔17
⓬18	㉕18
⓭16	

2
❶19	⑭19
❷18	⑮19
❸20	⑯20
❹20	⑰18
❺18	⑱20
❻20	⑲19
❼19	⑳18
❽18	㉑20
❾20	㉒19
❿19	㉓20
⓫19	㉔20
⓬20	㉕20
⓭17	

㊷ たして 24・28まで(1) P.83・84

1
❶16	⑭23
❷20	⑮24
❸21	⑯19
❹22	⑰21
❺23	⑱23
❻19	⑲24
❼21	⑳19
❽22	㉑21
❾23	㉒23
❿24	㉓24
⓫19	㉔22
⓬21	㉕24
⓭22	

2
❶21	⑭25
❷22	⑮26
❸21	⑯22
❹23	⑰24
❺23	⑱25
❻24	⑲26
❼22	⑳27
❽23	㉑23
❾24	㉒25
❿25	㉓26
⓫22	㉔27
⓬23	㉕28
⓭24	

㊸ たして 24・28まで(2) P.85・86

1
❶17	⑭22
❷19	⑮18
❸16	⑯20
❹18	⑰24
❺19	⑱19
❻16	⑲24
❼19	⑳21
❽21	㉑22
❾19	㉒24
❿20	㉓23
⓫22	㉔22
⓬18	㉕24
⓭20	

2
❶16	⑭21
❷18	⑮22
❸19	⑯25
❹20	⑰26
❺18	⑱20
❻21	⑲21
❼22	⑳25
❽18	㉑27
❾20	㉒21
❿24	㉓23
⓫18	㉔25
⓬22	㉕28
⓭25	

44 おおきな かずの たしざん(1) P.87・88

1			2		
❶13	⓫17		❶55	⓫36
❷23	⓬27		❷73	⓬48
❸33	⓭37		❸26	⓭62
❹43	⓮47		❹19	⓮93
❺53	⓯57		❺87	⓯59
❻56	⓰54		❻34	⓰77
❼66	⓱64		❼92	⓱21
❽76	⓲74		❽41	⓲14
❾86	⓳84		❾68	⓳85
❿96	⓴94		❿79	⓴97

45 おおきな かずの たしざん(2) P.89・90

1			2		
❶37	⓫28		❶19	⓫38
❷47	⓬38		❷56	⓬48
❸57	⓭48		❸87	⓭89
❹67	⓮58		❹69	⓮36
❺77	⓯68		❺28	⓯57
❻29	⓰59		❻79	⓰67
❼49	⓱69		❼39	⓱78
❽69	⓲79		❽86	⓲49
❾89	⓳89		❾47	⓳58
❿99	⓴99		❿58	⓴67

46 おおきな かずの たしざん(3) P.91・92

1			2		
❶20	⓫80		❶90	⓫70
❷30	⓬90		❷100	⓬40
❸40	⓭100		❸90	⓭70
❹60	⓮60		❹60	⓮80
❺30	⓯90		❺70	⓯80
❻50	⓰100		❻80	⓰100
❼70	⓱60		❼50	⓱90
❽90	⓲90		❽60	⓲80
❾40	⓳100		❾90	⓳90
❿50	⓴80		❿100	⓴70

47 おおきな かずの たしざん(4) P.93・94

1			2		
❶27	⓫51		❶48	⓫67
❷37	⓬72		❷58	⓬62
❸39	⓭95		❸78	⓭96
❹49	⓮98		❹98	⓮91
❺56	⓯92		❺72	⓯93
❻66	⓰84		❻82	⓰75
❼75	⓱86		❼81	⓱98
❽85	⓲88		❽91	⓲89
❾91	⓳87		❾83	⓳84
❿81	⓴86		❿84	⓴86

48 おおきな かず・0の たしざん(1) P.95・96

1			2		
❶44	⓫13		❶59	⓫66
❷45	⓬12		❷69	⓬76
❸46	⓭11		❸79	⓭86
❹47	⓮10		❹89	⓮96
❺48	⓯15		❺99	⓯21
❻49	⓰16		❻54	⓰66
❼66	⓱17		❼26	⓱76
❽67	⓲18		❽36	⓲86
❾68	⓳20		❾46	⓳96
❿69	⓴25		❿56	⓴63

アドバイス おおきな かずどうしの たしざんは できましたか。わからなかった もんだいや むずかしかった もんだいは,まえのほうの ページを みながらやってみましょう。

1

❶64	⓫70		
❷33	⓬90		
❸49	⓭76		
❹57	⓮62		
❺85	⓯93		
❻68	⓰91		
❼59	⓱73		
❽88	⓲74		
❾60	⓳75		
❿80	⓴76		

2

❶68	⓫55
❷78	⓬65
❸88	⓭75
❹98	⓮85
❺35	⓯44
❻25	⓰34
❼15	⓱24
❽5	⓲14
❾35	⓳14
❿25	⓴0

アドバイス　おおきな かずの たしざんの まとめの れんしゅうです。

1 ❶〜❹で まちがえた ひとは, ㊹を もう いちど おさらい しましょう。

❺〜❽で まちがえた ひとは, ㊺を もう いちど おさらい しましょう。

❾〜⓬で まちがえた ひとは, ㊻を もう いちど おさらい しましょう。

⓭〜⓱で まちがえた ひとは, ㊼を もう いちど おさらい しましょう。

⓲〜⓴で まちがえた ひとは, ㊽を もう いちど おさらい しましょう。

2

❶7	❾13
❷10	❿12
❸8	⓫10
❹10	⓬11
❺7	⓭12
❻6	⓮14
❼10	⓯13
❽9	⓰10

3

❶9	❾10
❷11	❿12
❸13	⓫14
❹15	⓬17
❺9	⓭16
❻11	⓮14
❼13	⓯17
❽15	⓰18

4

❶17	❹18
❷19	❺18
❸15	❻19

5

❶58	❹50
❷39	❺100
❸87	❻8

アドバイス

1で まちがえた ひとは, 「すうじの れんしゅう」から もう いちど おさらいしましょう。

2で まちがえた ひとは, 「たす1」から もう いちど おさらいしましょう。

3で まちがえた ひとは, 「たす6」から もう いちど おさらいしましょう。

4で まちがえた ひとは, 「たして 16まで」から もう いちど おさらいしましょう。

5で まちがえた ひとは, 「おおきな かずの たしざん」から もう いちど おさらいしましょう。

50 しんだんテスト　P.99・100

1

81	82	83	84	85	86	87	88	89	90
91	92	93	94	95	96	97	98	99	100
101	102	103	104	105	106	107	108	109	110
111	112	113	114	115	116	117	118	119	120